Die Pumpwerksarten

Steuer- und Schaltmöglichkeiten
für elektrisch betriebene Kreiselpumpen

Von

Dipl.-Ing. Friedrich Koller
Wien / München

Mit 120 Textabbildungen

Springer-Verlag Wien GmbH
1953

ISBN 978-3-662-23989-6   ISBN 978-3-662-26101-9 (eBook)
DOI 10.1007/978-3-662-26101-9

Alle Rechte, insbesondere das der Übersetzung
in fremde Sprachen, vorbehalten

Vorwort.

Die richtige Wahl von elektrisch betriebenen Kreiselpumpen und die Planung von Pumpwerken mit solchen, gleichgültig, ob es sich um kleine für Hauswasserversorgung oder um größere für Industriewerke und Ortschaften handelt, setzt die Kenntnis der hiefür erforderlichen Grundlagen voraus. Diese sind in erster Linie a) der genau umrissene Zweck der Pumpanlage, b) der Wasserbedarf und dessen zeitliche Schwankungen, c) die Wasserbeschaffungsmöglichkeit, die Ergiebigkeit des Wasserspenders sowie die Güte und die Eigenschaften des Wassers, d) die örtlichen Verhältnisse hinsichtlich Lage, Höhenunterschiede und Rohrnetzanlage und e) die erforderlichen Drücke an den Auslaufstellen.

Darüber hinaus sind, soll der Planer die für jeden Fall günstigste Lösung finden können, Kenntnisse erforderlich über f) die grundsätzliche Arbeitsweise von Kreiselpumpen und ihre Betriebseigenschaften, g) die verschiedenen Bau- und Betriebsarten von Pumpenanlagen und h) die hydraulischen und elektrischen Steuer- und Schaltmöglichkeiten für Elektrokreiselpumpen.

Diese letzteren Grundlagen sollen in diesem Buch besprochen und alle jene Steuer- und Schaltmöglichkeiten, welche in der Praxis üblich oder aus anderen Gründen interessant sind, beschrieben werden. Es werden hiebei normale Kreiselpumpen mit radialen Laufrädern, wie sie für mittlere und größere Förderhöhen allgemein üblich sind (kleine spezifische Drehzahlen), berücksichtigt.

Es zeigt sich, daß die Arbeitsweise eines Pumpwerkes in hydraulischer Hinsicht eng verknüpft ist mit der Arbeit in bezug auf die elektrischen Steuer-, Schalt- und Hilfsgeräte. Aus diesem Grunde muß neben dem hydraulischen Arbeitsbild stets der elektrische Schaltplan betrachtet werden, wenn man ein vollständiges Bild vom Arbeiten eines Pumpwerkes erhalten will. Neben diesen beiden Bildern ist zur besseren Vorstellung eine schematische Darstellung des Pumpwerkes gebräuchlich.

Es werden bewußt nur die allgemein verwendeten, als Vertreter von Systemen zu betrachtenden Steuer- und Schaltgeräte beschrieben. Die schematischen Darstellungen sind nur grundsätzliche Anordnungsskizzen; auf Einzelheiten oder die baulichen Notwendigkeiten wird nicht näher eingegangen. Ähnliches gilt von den elektrischen Schaltbildern.

Die Anregung zur Abfassung dieses Buches erhielt ich während meiner Tätigkeit bei den Garvenswerken, Wien, und der Pumpenfabrik Ernst Vogel, Stockerau, und das Bedürfnis nach einer Zusammenstellung und einem Überblick über gebräuchliche Steuermöglichkeiten von Kreiselpumpen habe ich auch in meiner jetzigen Tätigkeit bei Klein, Schanzlin & Becker A.G., Frankenthal, und der Amag-Hilpert-Pegnitzhütte bestätigt gefunden. Als Grundlage dienten mir die zahlreichen Erfahrungen und Beobachtungen, die ich als Projektingenieur bei der Planung und Ausführung von Pumpanlagen sammeln konnte. Möge der Inhalt des Buches Anregung zu zweckentsprechender Anwendung sein.

Durch das Entgegenkommen des Leiters der Wiener Wasserwerke, des Herrn Senatsrat Dipl.-Ing. A. STEINWENDER, sowie des Leiters des Landesamtes B/4 der Niederösterreichischen Landesregierung, des Herrn Hofrat Dipl.-Ing. M. JUNG, ist es mir möglich, einige praktische Anwendungsbeispiele für die in diesem Buche beschriebenen oder erwähnten Pumpwerkssteuerarten aus dem Gebiet der Wiener Wasserversorgung und der Wasserversorgung einiger niederösterreichischer Gemeinden anführen zu können.

München, im Juni 1953

F. Koller

Inhaltsverzeichnis.

Seite

I. Einleitung 1

II. Steuermöglichkeiten 2

III. Steuergeräte 4
    A. Handschaltung 5
    B. Die zeitabhängige Steuerung 5
    C. Die wasserstandsabhängige Steuerung 5
        a) Der Schwimmerschalter 6
        b) Der Wasserstandsschalter 6
        c) Das elektrische Aegir-Gerät 7
        d) Das pneumatische Maelger-Gerät 8
        e) Wasserstandsfernmeß- und Schalteinrichtung von Siemens und Halske 9
    D. Die druckabhängige Steuerung 11
        a) Der Druckschalter 11
        b) Das Kontaktmanometer 12
        c) Der Verbrauchsdruckschalter von Vogel 14
    E. Die mengenabhängige Steuerung 15
        a) Der Venturimengenschalter von Bopp und Reuther . . . 16
        b) Der Mengenschalter mit Tauchglocke von Pollux 16
        c) Der Mengenschalter von Siemens und Halske 17
        d) Der Mengenschalter von Uher und Co. 17
        e) Der Mengenschalter von Vogel 18
        f) Die Schalterklappe 18

IV. Die Arbeitsverhältnisse einer Kreiselpumpe 20

V. Verhinderung von Wasserschlägen 24

VI. Parallelarbeiten von Kreiselpumpen 30

VII. Die Wassermangelsicherung gegen Trockenlauf und Leerlauf . . 33

VIII. Allgemeines über Pumpwerke 37

IX. Handgesteuerte Pumpanlagen mit dauernd laufenden Pumpen bei direkter Förderung zu den Verbraucherstellen 38

X. Pumpwerke mit Hochbehälter 39
    A. Pumpwerk mit einer oder zwei gleichen Pumpen bei zeitabhängiger Ein- bzw. Zuschaltung und liefermengenabhängiger (indirekt wasserstandsabhängiger) Aus- bzw. Abschaltung . . 42
    B. Pumpwerk mit einer Pumpe bei zeitabhängiger Einschaltung und druckabhängiger (indirekt wasserstandsabhängiger) Ausschaltung 45

C. Pumpwerk mit einer oder mehreren gleichen Pumpen bei wasserstandsabhängiger Ein- und Ausschaltung bzw. Zu- und Abschaltung (Stufen-Wasserstandsschaltung) 47
D. Pumpwerk mit zwei verschiedenen Pumpen bei wasserstandsabhängiger Ein- und Ausschaltung bzw. Um- und Rückschaltung 49
E. Pumpwerk mit einer Pumpe bei druckabhängiger (indirekt wasserstandsabhängiger) Ein- und Ausschaltung 50
F. Sonderfälle 53
   a) Stufenweise Förderung zweier Pumpen in einen Hochbehälter 53
   b) Hintereinanderförderung zweier Pumpen in einen Hochbehälter 54

XI. Pumpwerke mit Druckwindkessel 59

A. Pumpwerk mit einer Pumpe bei normaler druckabhängiger Einschaltung und druckabhängiger Ausschaltung 61
   a) Die Bemessung des Windkessels 67
   b) Die Belüftung des Windkessels 74
   c) Druckluftsperrventile 85
B. Pumpwerk mit einer Pumpe bei druckabhängiger Einschaltung und liefermengenabhängiger Ausschaltung 86
C. Pumpwerk mit einer Pumpe bei wasserstandsabhängiger (indirekt druckabhängiger) Ein- und Ausschaltung 88
D. Pumpwerk mit einer Pumpe bei gewichtsabhängiger (indirekt druckabhängiger) Ein- und Ausschaltung 89
E. Pumpwerke mit mehreren gleichen Pumpen bei druckabhängiger Ein- und Ausschaltung bzw. Zu- und Abschaltung 90
   a) Normale Stufendruckschaltung 90
   b) Stufendruckschaltung mit verbrauchsmengenabhängig beeinflußten Druckschaltern (Verbrauchsdruckschaltung) . . 99
F. Pumpwerk mit mehreren gleichen Pumpen bei druckabhängiger Ein- und Ausschaltung und verbrauchsmengenabhängiger Zu- und Abschaltung 106
G. Pumpwerk mit mehreren gleichen Pumpen bei druckabhängiger Ein- und Ausschaltung und zeitbedingter Zu- und Abschaltung 109
H. Pumpwerk mit mehreren Pumpen gleicher Förderhöhe, aber verschiedener Liefermenge bei druckabhängiger Ein- und Ausschaltung und verbrauchsmengenabhängiger Um- und Rückschaltung bzw. Zu- und Abschaltung 112
J. Pumpwerk mit zwei kleinen Pumpen in Stufendruckschaltung und zwei größeren Pumpen bei druckabhängiger Zu- und Abschaltung bzw. Um- und Rückschaltung 114
K. Pumpwerk mit zwei verschiedenen Pumpen bei druckabhängiger Ein- und Ausschaltung und verbrauchsmengenabhängiger Um- und Rückschaltung 117
L. Pumpwerk mit fünf Pumpen verschiedener Größe bei zweckentsprechender Kombination von Steuerarten 119

XII. Druckverstärkungsanlagen 123

A. Eine vorhandene Wasserleitung kann ein hochgelegenes Gebiet wegen zu geringen Druckes nicht versorgen 124

Inhaltsverzeichnis. VII

Seite

B. Der Druck einer vorhandenen Wasserleitung reicht bei sonst genügendem Zulauf im Brandfalle nicht aus 125

C. Druck und Zulaufmenge einer vorhandenen Wasserleitung reichen im Brandfalle nicht aus 126

D. Das Gefälle aus einem Behälter und die dadurch bedingte Fließmenge sind zu gering 127

E. Der Widerstand der Falleitung aus einem Hochbehälter wird bei vergrößerter Verbrauchsmenge zu groß und bewirkt einen unzulässigen Druckabfall 128

XIII. **Praktische Anwendungsbeispiele aus dem Gebiet der Wasserversorgung von Groß-Wien** 130

XIV. **Praktische Anwendungsbeispiele bei Wasserversorgungsanlagen in Niederösterreich** 138

Literaturverzeichnis 140

Sachverzeichnis 141

Firmenverzeichnis 142

Patentverzeichnis 142

I. Einleitung.

Man kann folgende Hauptgruppen von Pumpanlagen unterscheiden:

A. Pumpanlagen mit dauernd laufenden Pumpen bei direkter Förderung zu den Verbraucherstellen,

B. Pumpwerke mit einem Hochbehälter als Großspeicher,

C. Pumpwerke mit einem Windkessel als Regler für die Schalthäufigkeit der Pumpen und als Puffer.

Bei kleinen Pumpwerken verwendet man gewöhnlich nur eine einzige Pumpe, bei größeren aber zwei bis vier, um eine Angleichung der Leistung des Pumpwerkes an den jeweiligen wechselnden Bedarf durch den Betrieb nur einer oder mehrerer Pumpen zu erzielen.

Zur Erreichung einer Angleichung der Fördermenge des Pumpwerkes an den Wasserverbrauch sind zwei Wege gangbar:

a) Zwei oder mehrere entweder in Liefermenge und Förderhöhe einander gleiche oder aber in der Förderhöhe annähernd gleiche und in der Liefermenge verschiedene Pumpen werden bei steigendem Wasserverbrauch parallel geschaltet, derart, daß bei kleinem Verbrauch nur eine, bei größerem zwei und bei Spitzenverbrauch drei oder vier Pumpen gemeinsam fördern.

b) Zur Steigerung der Pumpwerksleistung wird an Stelle einer kleinen eine größere Pumpe unter gleichzeitiger Außerbetriebsetzung der kleinen eingeschaltet. Bei weiter steigendem Verbrauch kann auch die zweite Pumpe durch eine noch größere ersetzt werden. Die einzelnen Pumpen können nun in der Förderhöhe einander annähernd gleich und nur in der Liefermenge verschieden sein, oder aber es werden die in der Liefermenge größeren Pumpen auch für größere Förderhöhen ausgelegt, damit bei größerem Verbrauch auch ein größerer Druck zur Verfügung steht.

In manchen Fällen macht man nebeneinander von beiden Möglichkeiten Gebrauch.

Man nennt die Inbetriebsetzung der ersten laufenden Pumpe das „Einschalten", die Außerbetriebsetzung das „Ausschalten". Die Inbetriebsetzung weiterer Pumpen beim Weiterlauf der ersten bezeichnet man mit „Zuschalten", die Außerbetriebsetzung mit „Abschalten". Die Inbetriebsetzung einer größeren Pumpe bei gleichzeitiger Außerbetriebsetzung der kleinen heißt „Umschalten", der entgegengesetzte Vorgang „Rückschalten".

II. Steuermöglichkeiten.

Elektrisch betriebene Kreiselpumpen können auf zweierlei Art in Betrieb gesetzt oder außer Betrieb genommen werden:

A. entweder von Hand aus mittels Motorhandanlassers oder mittels druckknopfbetätigten Selbstanlassers, eventuell durch Fernsteuerung,

B. selbsttätig über Motorselbstanlasser, welche durch entsprechende Steuergeräte betätigt werden.

Für die selbsttätige Steuerung von Elektrokreiselpumpen gibt es folgende in der Praxis allgemein angewendete Möglichkeiten:

a) Schaltvorgang wird ausgelöst durch Gegebenheiten, welche ohne direkten Zusammenhang mit den Pumpeneigenschaften sind,

1. in Abhängigkeit von der Tageszeit oder einer Zeitspanne, mittels Schaltuhr oder Schaltwerkes,

2. in Abhängigkeit vom Wasserstand in einem zu füllenden oder zu leerenden Behälter, im allgemeinen mittels Schwimmerschalters, oder durch Sonderschalter,

3. in Abhängigkeit vom Druck in der Förderleitung oder in einem an diese angeschlossenen Windkessel, mittels Druckschalters oder Kontaktmanometers,

4. in Abhängigkeit von der eine Leitung durchfließenden Wassermenge, mittels Mengenschalters oder Schalterklappe,

5. in Abhängigkeit vom Gewicht (Volumen) des Wassers in einem offenen oder geschlossenen Behälter.

Diese Steuerarten sind anwendbar sowohl für das Einschalten als auch das Ausschalten von Pumpen sowie für das Zu- und Abschalten und das Um- und Rückschalten.

b) Schaltvorgang wird ausgelöst in Abhängigkeit von den veränderlichen Leistungswerten der Pumpen, das ist:

1. in Abhängigkeit von der Pumpenliefermenge, mittels Mengenschalters oder Schalterklappe,

2. in Abhängigkeit von der Pumpenförderhöhe. Dieser Fall ist praktisch identisch mit der vorerwähnten druckabhängigen Schaltung,

3. in indirekter Abhängigkeit vom Pumpenkraftbedarf über die Größe der Stromaufnahme des antreibenden Elektromotors, mittels Minimalstromrelais. Von dieser Möglichkeit wird nur selten Gebrauch gemacht.

Diese Steuerarten sind nur für die Außerbetriebsetzung von Pumpen anwendbar.

Aus Zweckmäßigkeitsgründen ist es oft notwendig, Verbindungen von verschiedenen Schaltungsarten zu wählen, derart, daß die Außerbetriebsetzung auf andere Art erfolgt als die Inbetriebsetzung.

Es gibt demnach Kombinationsmöglichkeiten zwischen Inbetriebsetzung: von Hand aus, zeitabhängig, wasserstandsabhängig, druckabhängig, verbrauchsmengenabhängig, gewichtsabhängig und Außerbetriebsetzung: von Hand aus, zeitabhängig, wasserstandsabhängig, druckabhängig, verbrauchsmengenabhängig, liefermengenabhängig, kraftbedarfsabhängig und gewichtsabhängig.

Steuermöglichkeiten.

Tabelle 1.

D = Dauernd laufende Pumpen W = Pumpwerke mit Windkessel
H = Pumpwerke mit Hochbehälter V = Druckverstärkeranlagen

Ein-, Zu-, Umschaltung		Ausschalten				Abschalten				Rückschalten			
		D	H	W	V	D	H	W	V	D	H	W	V
Hand	Hand	╱	╱		×								
	Zeit												
	Wasserstand												
	Gewicht												
	Druck												
	Verbrauch												
	Liefermenge	╱	╱		×								
	Kraftbedarf		╱										
Zeit (Zeitspanne)	Hand												
	Zeit	×				×	×						
	Wasserstand												
	Gewicht												
	Druck	×											
	Verbrauch												
	Liefermenge	×				×							
	Kraftbedarf												
Wasserstand	Hand												
	Zeit												
	Wasserstand	×	×			×					×		
	Gewicht												
	Druck												
	Verbrauch												
	Liefermenge												
	Kraftbedarf												
Gewicht	Hand												
	Zeit												
	Wasserstand												
	Gewicht		×										
	Druck												
	Verbrauch												
	Liefermenge												
	Kraftbedarf												
Druck	Hand												
	Zeit						×						
	Wasserstand												
	Gewicht												
	Druck	×	×	×			×					×	
	Verbrauch	×											
	Liefermenge	×											
	Kraftbedarf												
Verbrauch	Hand												
	Zeit												
	Wasserstand												
	Gewicht												
	Druck												
	Verbrauch			×			×	×			×		
	Liefermenge			×									
	Kraftbedarf												

Kombinationen verschiedener Steuerarten, von denen jedoch viele praktisch undurchführbar sind. Die nachfolgend beschriebenen Arten sind in der Tabelle × gekennzeichnet, ╱ sind erwähnt.

Welche Art der verschiedenen Schaltmöglichkeiten für ein zu planendes Pumpwerk die zweckentsprechendste ist, hängt von den gestellten Bedingungen und den örtlichen Gegebenheiten ab.

Die nachfolgend beschriebenen Pumpwerke zeigen grundsätzliche Steuerarten und auch Kombinationen, welche in der Praxis häufig angewendet werden, an Hand von Beispielen. Es ist einleuchtend, daß die zu wählende Steuerart in erster Linie von der Größe des Pumpwerkes, von dessen maximal abzugebender Wassermenge und damit von der Zahl der notwendigen Pumpen abhängt. Eine weitere wichtige Grundlage bei der Wahl einer bestimmten Steuerart ist der Widerstand des Rohrnetzes, in welches die Pumpen drücken. Bei kleinen Rohrwiderständen, solchen bis etwa 5 m WS bei der größten vorkommenden Fließmenge werden, wenn mehrere Pumpen erforderlich sind, vorteilhafterweise solche gleicher Größe oder solche gleicher Förderhöhe bei verschiedener Liefermenge verwendet, derart, daß bei geringem Wasserverbrauch nur eine Pumpe läuft und bei steigendem Verbrauch weitere Pumpen zugeschaltet werden. Bei mittleren Rohrwiderständen, etwa zwischen 5 und 10 m WS, werden ähnliche Pumpwerke verwendet, jedoch trachtet man, die im Pumpwerk entstehenden Drücke den Notwendigkeiten anzupassen, indem man den Pumpwerksdruck bei steigendem Verbrauch entsprechend dem mit der Verbrauchsmenge größer werdenden Rohrwiderstand nach oben regelt. Bei großen Rohrwiderständen, solchen über 10 m WS, verwendet man, wenn mehrere Pumpen erforderlich sind, gewöhnlich solche verschiedener Förderhöhe und verschiedener Liefermenge, derart, daß bei geringem Wasserverbrauch eine kleine Pumpe läuft und bei größerem Verbrauch eine dem größeren Bedarf und dem größeren Rohrwiderstand entsprechende Pumpe unter Ausschaltung der ersten in Betrieb genommen wird.

III. Steuergeräte.

Diese werden fast durchwegs als einpolige elektrische Schalter ausgebildet, welche nur den Steuerstromkreis für die Schaltschütze der Motorselbstanlasser (Selbstschalter für direktes Einschalten, Ständerselbstanlasser, Sterndreieckselbstschalter, automatischer Anlaßtransformator oder Rotorselbstanlasser) öffnen oder schließen. In jenen Fällen, in denen der Steuerstrom der Selbstanlasser größer ist als der für das zur Verwendung gelangende Steuergerät zulässige Höchststrom, ist ein Zwischenschütz erforderlich. Eine direkte Schaltung des Motorstromes durch dreipolige Steuergeräte (z. B. Druckschalter oder Schwimmschalter) wird auch bei kleinen Pumpanlagen nur selten angewendet.

Im nachstehenden wird immer ein Drehstromnetz von 380 Volt mit geerdetem Nulleiter als Stromquelle angenommen; auf die Verhältnisse bei Gleichstrom wird nicht eingegangen, weil dieser äußerst selten vorkommt.

Weiters ist der Übersichtlichkeit und Einfachheit halber in den folgenden elektrischen Schaltbildern immer direkte Motoreinschaltung mittels eines Netzschützes (Selbstschalters) angenommen.

A. Handschaltung.

Es werden die gebräuchlichen Handanlasser verwendet oder Selbstanlasser, welche durch Ein- und Ausdruckknöpfe betätigt werden. Diese zu beschreiben fällt nicht in den Rahmen dieser Schrift.

B. Die zeitabhängige Steuerung.

Man verwendet hiefür Schaltuhren oder Schaltwerke. Sie bestehen aus einem Antriebswerk, das entweder als

a) Uhrfederwerk mit Handaufzug und einer Gangzeit bis zu 35 Tagen,

b) Uhrfederwerk mit elektrischem Selbstaufzug durch Ferrarismotor und einer Gangreserve von zirka 36 Stunden,

c) Uhrfederwerk mit elektromagnetischem Selbstaufzug und einer Gangreserve von zirka 36 Stunden gebaut ist, oder als

d) Synchronmotoruhrwerk mit Selbstanlauf ausgebildet ist, durch welches entweder zu bestimmten, auf der 24-Stunden-Ziffernscheibe mittels Schaltreiters einstellbaren Tageszeiten oder nach festgelegten Intervallen elektrische Kontakte betätigt werden. S. Abb. 1.

Abb. 1. Schaltuhr (Zeitschalter) mit Uhrfederwerk und motorischem Aufzug.

Diese Kontakte können entweder für Momentkontaktgabe von 0,5 bis 1 Sekunde Dauer, als Kurzkontakt von 0,5 bis 1 Minute Dauer, oder als Dauerkontakt für beliebig einstellbare Dauer ausgebildet sein. Der Kurzkontakt von 0,5 bis 1 Minute Dauer kann auch, von einer Schaltuhr mit Momentkontakt ausgehend, mittels eines gesonderten elektrisch aufziehbaren Laufschaltwerkes (z. B. Treppenhausautomat) erzielt werden. Das kürzest einstellbare Schaltreiterintervall beträgt gewöhnlich 0,75 bis 1 Stunde. Die Zahl der möglichen Schaltreiter ist dadurch begrenzt und gegeben. In manchen Fällen ist ein Kurzkontakt und ein Langkontakt erforderlich, welche gleichzeitig durch einen Schaltreiter geschlossen werden. Während der Kurzkontakt nach 0,5 bis 1 Minute öffnet, wird der Langkontakt erst durch einen Ausschaltreiter geöffnet. S. Abb. 41.

C. Die wasserstandsabhängige Steuerung.

Es ist zu unterscheiden zwischen der Steuerung nach dem Wasserstand in dem zu füllenden oder zu leerenden Behälter. Im ersten Falle müssen die Kontakte des Steuerschalters bei einem bestimmten Niederwasserstand schließen (die Pumpe einschalten) und bei einem Höchstwasserstand öffnen (die Pumpe ausschalten), im zweiten Falle ist es umgekehrt.

a) Der Schwimmerschalter.

Ein Schwimmerkörper aus verzinktem Eisenblech, Kupfer oder Porzellan ist mittels eines Seiles über Rollen mit einem Gegengewicht in Verbindung. Am Seil sind zwei Mitnehmer angeordnet. Der untere bringt bei steigendem Wasserspiegel den Schalthebel des elektrischen Kippschalters in die obere Endlage, der obere bei fallendem Wasserspiegel in die untere Endlage (s. Abb. 2). Die Entfernung der beiden Mitnehmer ist auf eine Größe einzustellen, welche um den Schaltweg des Kippschalters kleiner ist als der gewünschte Höhenunterschied zwischen höchstem und niedrigstem Wasserspiegel. Da der Schwimmerkörper immer auf der Wasseroberfläche schwimmt, muß er, das Seil und das Gegengewicht stets alle Bewegungen des Wasserspiegels mitmachen. Das Gewicht des Gegengewichtes muß mindestens um die zu erwartende Reibung des Seiles und der Rollen größer sein als die Schaltkräfte des Kippschalters. Das Schwimmergewicht muß wieder mindestens um die Reibungskraft größer sein als die Summe von Gegengewicht und Schaltkraft.

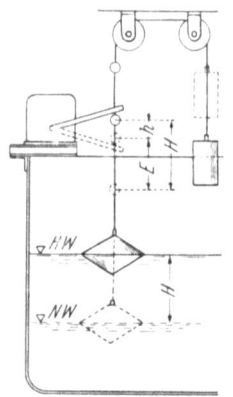

Abb. 2. Schwimmerschalter.

b) Der Wasserstandsschalter.

Eine Abart dieses bekannten Schwimmerschalters verwendet an Stelle eines Schwimmerkörpers zwei Vollkörper, deren Gewicht größer ist als das Gewicht des verdrängten Wasservolumens (s. Abb. 3). Diese hängen in bestimmter Entfernung voneinander an einem Seil, das am Schalthebel eines Kippschalters befestigt ist. Ein Gegengewicht sitzt am verlängerten Schalthebel auf der anderen Seite der Drehachse. Das von den beiden Vollkörpern ausgeübte Drehmoment muß mindestens um das Schaltmoment größer sein als das Moment des Gegengewichtes. Dieses wieder muß etwas größer sein als das Schaltmoment. Bei steigendem Wasserspiegel taucht zuerst der untere Vollkörper unter Wasser, später taucht auch der obere ein. Durch den Auftrieb wird der Gewichtszug am Seil geringer, das Gegengewicht bringt den Kippschalter in die eine Endlage. Bei fallendem Wasserspiegel taucht zuerst der obere Vollkörper aus dem Wasser und schließlich auch teilweise der untere. Damit fällt der Auftrieb der beiden Vollkörper wieder weg, der Gewichtszug am Seil wird größer, bis das Moment des Gegengewichtes überwunden

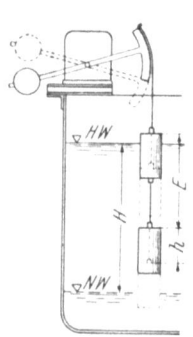

Abb. 3. Wasserstandsschalter.

Die wasserstandsabhängige Steuerung.

wird und der Kippschalter in die andere Endlage gebracht wird. Der Vorteil dieser Schalterart liegt darin, daß das Seil und die beiden Gegengewichte nur die geringe Hubbewegung des Schalters mitmachen, Rollen nicht notwendig sind, ein Undichtwerden von Schwimmerkörpern nicht zu befürchten ist und das Material der beiden Vollkörper aus von der Förderflüssigkeit nicht angreifbarem Kunststoff sein kann. Die Summe aus mittlerer Entfernung der beiden Körper plus dem Schaltweg bestimmt den gewünschten Höhenunterschied zwischen höchstem und niedrigstem Wasserspiegel.

c) Das elektrische Aegir-Gerät.

Dieses verwendet keinerlei bewegliche Teile, welche den Schaltvorgang auslösen, sondern das Wasser im Behälter wird zu einer elektrischen Kontaktgabe direkt herangezogen. Die übliche Netzspannung von 220 oder 380 Volt darf aber hiefür nicht verwendet werden, sondern eine Niederspannung (Schutzspannung) von höchstens 24 bis 48 Volt, welche über einen kleinen Transformator hergestellt werden kann. Außerdem ist ein Zwischenschütz notwendig (s. Abb. 4). In den Behälter werden zwei Stromauslöser an Gummikabeln eingehängt und über die Steuerleitung mit dem Zwischenschütz im Pumpenhaus verbunden. Die Sekundärseite des Transformators liegt mit einem Ende an Erde oder ist mit der Pumpendruckleitung verbunden. Das Wasser im Behälter wird ebenfalls gut geerdet oder mit der Pumpendruckleitung gut leitend in Verbindung gebracht.

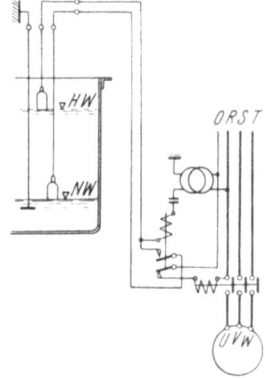

Abb. 4. Elektrodensteuerung von Aegir.

Ist im Hochbehälter kein Wasser, dann findet keinerlei Kontaktgebung durch das Wasser statt, die Spule des Zwischenschützes ist stromlos, die beiden unteren Kontakte (Quecksilberschaltröhre) und damit der Steuerstromkreis für das Netzschütz des Motoranlassers sind geschlossen, die Pumpe läuft. Erreicht das Wasser den oberen Stromauslöser, dann stellt es eine Verbindung zwischen diesem und der Wassererdung her, der Sekundärstromkreis des Transformators wird geschlossen, das Zwischenschütz zieht an und unterbricht den Steuerstromkreis des Motorselbstanlassers, die Pumpe wird ausgeschaltet. Gleichzeitig werden die oberen Kontakte des Zwischenschützes (ebenfalls ein Quecksilberschaltrohr als sogenannter Selbsthaltekontakt) geschlossen. Auch wenn der Wasserspiegel im Behälter wieder fällt und dadurch der obere Stromauslöser außer Wasser kommt, bleibt das Zwischenschütz angezogen, weil der Sekundärstromkreis des Transformators von der Wassererdung über den unteren Stromauslöser und den Selbsthaltekontakt geschlossen bleibt. Erst wenn der Wasserspiegel unter den unteren Stromauslöser sinkt, wird der Selbsthaltestrom unterbrochen, das Zwischenschütz fällt ab und die Pumpe wird wieder eingeschaltet.

Diese Schaltart ist sehr einfach und verläßlich, die Lage der beiden Stromauslöser bestimmt Höchst- und Niederwasserspiegel im Behälter. Bei Steuerung von Pumpen in Abhängigkeit vom Wasserspiegel in einem zu leerenden Behälter (Brunnen, Tiefbehälter) müssen die beiden unteren Kontakte des Zwischenschützes (Quecksilberschaltrohr) im abgefallenen Zustand geöffnet sein, das heißt die Schaltröhre ist gegenüber der Hochbehälterschaltung um 180° zu verdrehen. Dadurch wird erreicht, daß die Pumpe beim Hochwasserstand ein- und beim Niederwasserstand ausgeschaltet wird.

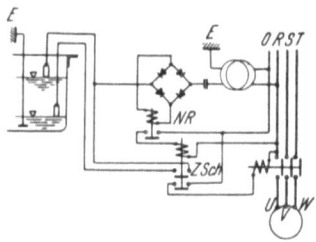

Abb. 5. Elektrodensteuerung der Garvenswerke.

Auf dem gleichen Prinzip beruht die Steuerung der Garvenswerke nach Abb. 5. Sie verwendet zur Betätigung eines Niederspannungsrelais NR Gleichstrom, der aus einem Gleichrichter in GRAETZscher Schaltung gewonnen wird. Dieses Relais steuert ein Zwischenschütz $Z\,Sch$, das den „Selbsthaltekontakt" und die Kontakte für den Steuerstromkreis des Motoranlassers enthält. Das Relais NR spricht schon bei Stromstärken von 4 mA an, so daß die Anordnung auch bei ungünstigen Erdungsverhältnissen arbeitet.

d) Das pneumatische Maelger-Gerät.

Dieses nützt den in einer Tauchglocke sich mit der Höhe des darüber befindlichen Wasserstandes ändernden Luftdruck zur Betätigung eines elektrischen Steuerschalters. (S. Abb. 6 und 7.) Eine Tauchglocke (Luftglocke) mit einer elastischen Membrane wird an einer Kette in den Behälter gehängt, in den oder aus dem gefördert werden soll. Sie ist über eine Kupferrohrleitung von etwa 1 mm lichtem und 3 mm äußerem Durchmesser mit einem pneumatisch-elektrischen Schalter verbunden. Dieser Schalter besteht im wesentlichen aus einem System von druckempfindlichen Federbälgen (ähnlich denen eines Aneroidbarometers), welches seine vom wechselnden Innendruck abhängigen Dehnbewegungen auf eine Quecksilberschaltröhre überträgt. Bei einem bestimmten Mindestwasserstand im Behälter und damit geringstem Luftdruck in der Glocke, der Rohrleitung und dem pneumatischen Schalter wird die Schaltröhre in die Einschaltlage, beim gewünschten Höchstwasserstand in die Ausschaltlage gekippt. Bei Schaltung der Pumpe in Abhängigkeit vom Wasserstand in dem zu leerenden Behälter ist die Schaltröhre um 180° verdreht einzubauen. Dann wird die Pumpe bei einem hohen Wasserstand ein- und bei einem niederen Wasserstand ausgeschaltet. Dieses Gerät arbeitet recht genau, die Kupferrohrleitung kann einige hundert Meter lang sein.

Die Dehnbewegung der Federbälge kann auch zur Bewegung eines Zeigergerätes zur Fernanzeige des Wasserstandes verwendet werden.

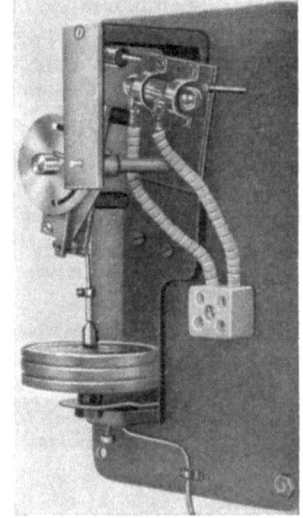

Abb. 6. Tauchglocke von Maelger.   Abb. 7. Pneumatischer Schalter von Maelger.

Das Maelger-Gerät findet daher auch dort Anwendung, wo neben der wasserstandsabhängigen Schaltung gleichzeitig eine Wasserstandsfernanzeige erwünscht ist.

e) Wasserstandsfernmeß- und Schalteinrichtung von Siemens und Halske.

Diese verwendet als elektrischen Geber einen veränderlichen Widerstand. Als mechanischer Geber wirkt ein Schwimmer, der seine mit dem Wasserspiegel schwankenden Bewegungen über ein Seil und eine entsprechende Zahnradübersetzung auf den im elektrischen Geber eingebauten Widerstand (Potentiometer) überträgt und diesen verändert. Dieser veränderliche Widerstand ist ein Maß für den Wasserstand, ebenso der durch ihn fließende Strom einer Gleichstromquelle. Jedem Meßwert des Wasserstandes ist eine ganz bestimmte elektrische Meßgröße zugeordnet.

Diese elektrischen Meßgrößen werden vom Sender auf verschiedene Arten über eine Leitung zum Empfänger und Anzeigeinstrument übertragen.

Für Zwecke der wasserstandsabhängigen Steuerung von Pumpen können im Geber bis zu vier Quecksilberschaltröhren eingebaut werden, deren Impulse teilweise auf den Leitungsadern für die Wasserstandsfernanzeige übertragen werden können.

10　Steuergeräte.

Für die Fernübertragung der elektrischen Meßgrößen des Widerstandsfernsenders stehen drei Verfahren zur Verfügung.

1. Die Intensitätsmethode. Bei dieser (s. Abb. 8 und grundsätzliches Schaltbild 9) ist der Widerstandsgeber direkt mit dem zugeordneten Empfängeranzeigeinstrument verbunden. Für die Fernübertragung der Meßwerte sind drei Leitungsadern erforderlich.

Da diese Meßleitung ein integrierender Bestandteil der gesamten Meßanordnung ist, muß der Betriebszustand der Leitungsanlage einwandfrei sein. Der Widerstand der Leitungsanlage wird bei der Eichung des Anzeigeinstrumentes berücksichtigt. Bei der Inbetriebsetzung muß mit Hilfe von Justierspulen der Leitungswiderstand auf den bei der Eichung vorgesehenen Wert gebracht werden.

Bei der Intensitätsmethode darf der Leitungswiderstand je Ader 100 Ohm nicht überschreiten. Dadurch ist die Entfernung zwischen Sender und Empfänger begrenzt.

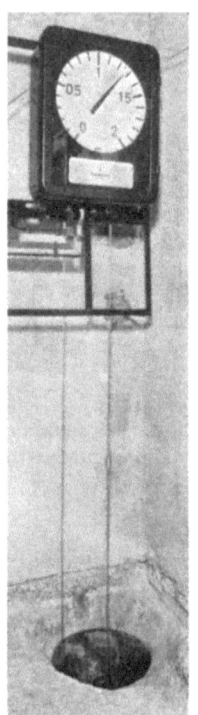
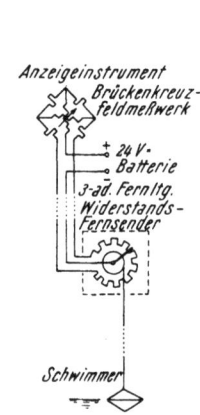
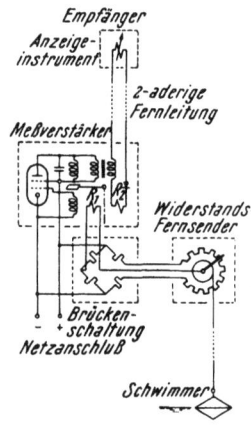

Abb. 8. Widerstandsgeber und Wasserstandsanzeiger von Siemens und Halske.

Abb. 9. Elektrisches Schaltbild der Intensitätsmethode.

Abb. 10. Elektrisches Schaltbild für selbstkompensierenden Meßverstärker.

2. Die Fernmessung mit selbstkompensierendem Meßverstärker. Bei größeren Leitungslängen muß an Stelle der Intensitätsmethode das Verfahren mit selbstkompensierendem Meßverstärker angewendet werden. Dieses eignet sich bis zu einem maximalen Leitungswiderstand von 1500 Ohm je Ader. Für die Übertragung sind zwei galvanisch durchgehende Leitungsadern vorzusehen (Abb. 10).

Das Prinzip dieser Meßart ist folgendes. Der Widerstandsfernsender, der im mechanischen Geber eingebaut ist, liegt in einer Brückenschaltung. Der Diagonalstrom wird durch die Stellung des Fernsenders verändert und fließt durch das Rähmchen R_1 des Verstärkergalvanometers. Durch die Stellung des Metallplättchens, das sich am Zeiger des Galvanometers befindet, wird der Kopplungsgrad der Gitter- und Anodenspule verändert und dadurch die Hochfrequenzamplitude der Verstärkerschaltung beeinflußt. Die Hochfrequenzenergie wird mittels eines Transformators entnommen und gleichgerichtet über die Fernleitung dem Anzeigeinstrument zugeführt. Das Rähmchen R_2 des Verstärkergalvanometers liegt in Serie mit dem Anzeigeinstrument und bewirkt eine automatische Kompensation von Änderungen des Widerstandes der Leitungsanlage.

Bei der Intensitätsmethode und bei der Methode mit Meßverstärker kann durch Einbau von Zusatzgeräten die Meßleitung für eine Telephonverbindung ausgenützt werden.

3. Das Impulsfrequenzverfahren. Dieses Meßverfahren ist von der Übertragungsentfernung und vom Zustand der Leitungsanlage unabhängig, da es hiebei nur auf die Frequenz der Impulse ankommt.

Jeder Widerstandsmeßwert wird in einem Impulsfrequenzsender in einer Kondensatorkippschaltung in eine dem Meßwert entsprechende Frequenz umgewandelt. Diese Impulsfrequenz (2 bis 12 Impulse/sek) wird auf einer zweiadrigen Leitung zum Empfänger übertragen und in diesem in einen dieser Frequenz zugeordneten Strom verwandelt, der in einem Drehspuleninstrument gemessen werden kann. Der Zeigerausschlag ist ein Maß für den Wasserstand.

Die Projektierung einer Anlage und die Wahl des Fernmeßverfahrens muß entsprechend den Betriebserfordernissen und den· Gegebenheiten erfolgen.

D. Die druckabhängige Steuerung.

Die druckabhängigen Steuergeräte sind kombinierte hydraulisch-elektrische Schalter. Der veränderliche Wasserdruck wirkt auf eine Membrane, einen Wellrohrfederbalg oder ein Boutonrohr (gebogenes Flachrohr), wie bei den verschiedenen Druckanzeigern (Manometern), deren Formänderung mittels eines Gestänges auf den elektrischen Kippschalter übertragen wird. Man unterscheidet zwei Arten von Geräten: solche, die als Dauerkontaktgeber und andere, die als Momentkontaktgeber ausgebildet sind.

a) Der Druckschalter.

Dieser ist ein Dauerkontaktgeber. Bei ihm wird der elektrische Kippschalter bei einem bestimmten, mit Hilfe eines Kontrollmanometers einzustellenden Mindestdruck geschlossen und bei einem Höchstdruck geöffnet. Bei Drücken zwischen den eingestellten Schaltgrenzen bleibt der Schalter in jener Stellung, in welche er bei der vorher erreichten Schaltgrenze gebracht wurde, so lange stehen, bis infolge des geänderten Druckes die andere Schaltgrenze erreicht wird. In Abb. 11 und 12 ist ein

Druckschalter mit Gummimembrane gezeigt. Die Einstellung der gewünschten Schaltgrenzen erfolgt mittels zweier Schrauben. Bei der unteren Schaltgrenze (Einschaltdruck) wird durch den Druckschalter der Steuerstrom für den Motorselbstanlasser geschlossen, die Pumpe eingeschaltet, bei der oberen Schaltgrenze wird die Pumpe wieder ausgeschaltet.

Druckschalter sind insbesondere bei kleinen automatischen Pumpanlagen allgemein gebräuchlich. Ihre Einstellung auf die gewünschten Schaltdrücke ist etwas umständlich und erfordert einige Übung. Die zwischen Ein- und Ausschaltdruck entstehende Druckdifferenz soll nicht

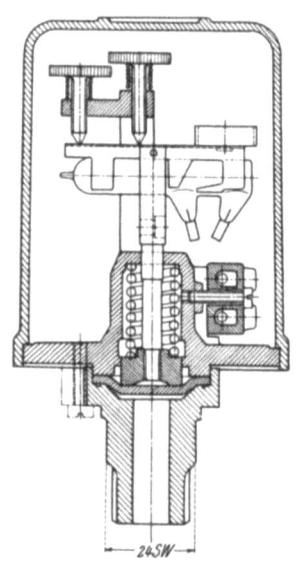

Abb. 11. Druckschalter von Vogel. Abb. 12. Schnitt durch den Druckschalter von Vogel.

zu groß sein, weshalb bei der Wahl eines Druckschalters darauf Rücksicht zu nehmen ist. Gute Druckschalter erlauben kleinste Schaltdruckdifferenzen von 5 bis 10 m Wassersäule.

b) Das Kontaktmanometer.

Dieses ist ein Manometer, dessen Zeiger mit einem elektrischen Kontakt federnd gekuppelt ist. Zwei weitere Kontakte, ein Oberwert- und ein Unterwertschließkontakt sind von außen mittels eines Schlüssels direkt auf den gewünschten, auf der Skala ablesbaren Ein- und Ausschaltdruck einstellbar (s. Abb. 13). Das Kontaktmanometer besitzt also drei elektrische Kontakte, einen beweglichen, mit dem Zeiger gekuppelten und zwei feste. Bei absinkendem Druck berührt der Zeigerkontakt den Minimalkontakt, bei steigendem Druck, beim Erreichen des eingestellten Ausschaltdruckes den Maximalkontakt. Bei Drücken zwischen den eingestellten Schaltgrenzen findet keine Kontaktgabe statt. Das Kontaktmanometer ist ein Momentkontaktgeber. Um diese Momentkontaktgabe in der Zeitspanne zwischen Ein- und Ausschaltdruck zu einer dauernden

Die druckabhängige Steuerung. 13

zu machen, ist ein Zwischenschütz notwendig (s. Abb. 14). Beim Erreichen des Einschaltdruckes erhält die Spule des Schützes kurzzeitig über den Zeiger des Kontaktmanometers und den links gezeichneten Widerstand Spannung, das Schütz zieht an und schließt seinen Steuerkontakt, die Pumpe wird eingeschaltet. Auch wenn der Druck wieder ansteigt und sich Unterwert- und Zeigerkontakt trennen, bleibt das Schütz angezogen, weil seine Spule über den geschlossenen Kontakt und den rechts gezeichneten Widerstand an Spannung liegen bleibt. Wird der Ausschaltdruck erreicht, dann schließt der Zeigerkontakt die Schützenspule kurz, das Schütz fällt ab und öffnet wieder den Steuerkontakt, die Pumpe wird aus-

Abb. 13. Kontaktmanometer von Uher und Co.

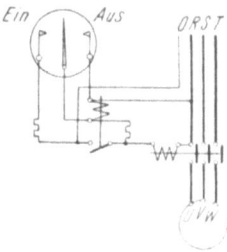

Abb. 14. Elektrisches Schaltbild für das Kontaktmanometer mit Zwischenrelais.

geschaltet. Wichtig ist, daß Zwischenschütze verwendet werden, welche nur ganz geringen Stromverbrauch haben, bei denen insbesondere der Anzugstrom äußerst klein ist, z. B. Quecksilbertauchschaltrelais, damit die Kontakte des Manometers geschont werden und rasche Abnützung durch Verbrennen bei Funkenbildung hintangehalten wird. Die schleichende Kontaktgabe des Instrumentes kann durch Anbringen kleiner Magnete am beweglichen Zeigerkontakt (Magnetspringkontakte) vermieden werden. An Stelle der mechanischen Kontaktgabe kann auch die Kontaktschließung über Quecksilber im Ringrohr-Kontaktmanometer angewendet werden. Für den Oberwert- und Unterwertschließkontakt ist je ein Ringrohr erforderlich. Kontaktmanometer sind sehr leicht einzustellen, sie eignen sich besonders dort, wo mehrere Pumpen durch je ein druckabhängiges Steuergerät stufenweise geschaltet werden sollen.

Druckschalter und Kontaktmanometer werden hydraulisch gewöhnlich mit einem Druckwindkessel oder mit einer Stelle der Pumpendruckleitung nahe der Pumpe verbunden. In besonderen Fällen werden sie an die Einschnürungsstelle eines in die von einem Pumpwerk abgehende Verbraucherleitung eingebauten Venturirohres oder an die Stelle größten Druckabfalles eines Doppelventurirohres angeschlossen. Die dadurch erreichte Wirkung (s. Abb. 85, S. 104) wird auch mit dem nachfolgend beschriebenen Schalter erzielt.

c) Der Verbrauchsdruckschalter von Vogel.

Dieser ist ein Sonderschalter, ein Druckschalter, der seine einmal eingestellten Schaltdrücke (Ein- und Ausschaltdruck) in Abhängigkeit von der eine Rohrleitung durchfließenden Wassermenge selbsttätig verstellt, derart, daß sie bei größer werdender Durchflußmenge mit dem Quadrat derselben ebenfalls größer (höher) werden (s. Abb. 15). Die Verstellung der Schaltdrücke wird durch Ausnützung der in einem Venturirohr entstehenden und sich quadratisch mit der Durchflußmenge ändernden Druckdifferenz zwischen einer Stelle vor dem Rohr und an der engsten Stelle desselben erreicht. Der Plus-Anschluß des Schalters wird durch eine Rohrleitung mit der Stelle vor dem Venturirohr, der Minus-Anschluß mit der engsten Stelle des Venturirohres verbunden. Im Schalter sind zwei Federbälge vorhanden. Der mit dem kleinen Durchmesser entspricht der Membrane des gewöhnlichen Druckschalters nach Abb. 12. Sein Inneres ist mit der atmosphärischen Luft durch die Undichtheit an den Gestängebolzen in Verbindung. Im Raum zwischen beiden Bälgen wird der Plusdruck zur Wirkung gebracht, an der Unterseite des Federtellers der Minusdruck. Wenn durch das Venturirohr kein Wasser fließt, dann sind Plus- und Minusdruck einander gleich. Der nach unten auf den Federteller wirkende Plusdruck wird durch den gleich großen, auf die gleiche Ringfläche zwischen großem und kleinem Balg nach oben wirkenden Minusdruck aufgehoben. Nach oben wird nur der Minusdruck über die Querschnittfläche des kleinen Balges wirksam. Der Schalter arbeitet wie ein gewöhnlicher Druckschalter. Entsprechend den Gegenkräften der Federn wird bei einem bestimmten, mit Hilfe eines Kontrollmanometers einstellbaren hohen Minusdruck die Quecksilberwippe in die „Aus"-Stellung und bei einem geringsten Minusdruck in die „Ein"-Stellung gebracht, z. B. bei 3,5 atü bzw. 2,0 atü. Fließt durch das Venturirohr aber Wasser in das Verbrauchernetz, dann sind Plus- und Minusdruck nicht mehr einander gleich, der Minusdruck wird geringer als der Plusdruck. Auf die Ringfläche zwischen großem und kleinem Federbalg wirkt nun eine Kraft nach unten. Diese kommt einer zusätzlichen Federkraft gleich. Es muß daher, wenn die Quecksilberwippe in die „Aus"-Stellung gebracht werden soll, der Minusdruck und in entsprechendem Maße der Plusdruck höher sein. Der Schalter wird z. B. bei einem Plusdruck von 3,7 atü (Minusdruck von 3,6 atü) ausschalten und bei einem Plusdruck von 2,2 atü (Minusdruck von 2,1 atü) einschalten. Fließt diesem Beispiel gegenüber die doppelte Menge durch das Venturirohr,

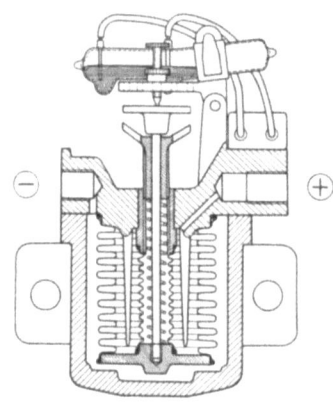

Abb. 15. Verbrauchsdruckschalter von Vogel.

dann wäre zur Herbeiführung der Schaltvorgänge ein Plusdruck von 4,3 atü (Minusdruck von 3,9 atü) bzw. ein Plusdruck von 2,8 atü (Minusdruck von 2,4 atü) erforderlich.

E. Die mengenabhängige Steuerung.

Eine durch ein Venturirohr fließende Wassermenge erzeugt an dessen engster Stelle durch Steigerung der Geschwindigkeit einen Druckabfall (Minusdruck), dessen Wert sich quadratisch mit der minutlichen Durchflußmenge ändert. Dieser Druckabfall ist daher ein Maß für die Durchflußmenge (s. Abb. 16 und 17). An Stelle eines Venturirohres wird oft

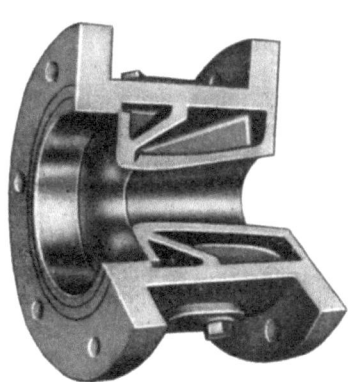

Abb. 16. Kurzventurirohr.

Abb. 18. Meßblende.

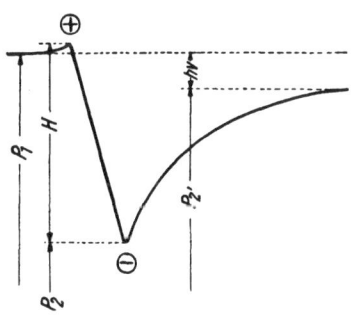

Abb. 17. Druckverlauf im Kurzventurirohr.

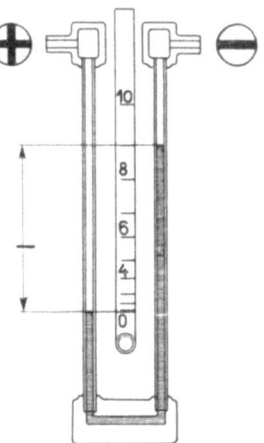

Abb. 19. Quecksilber-Druckdifferenzmanometer.

eine Meßblende verwendet, bei der ebenfalls durch Verengung des Querschnittes eine Geschwindigkeitssteigerung und damit ein Druckabfall erzeugt wird (s. Abb. 18). Die Rückwandlung von Geschwindigkeits- in Druckenergie ist hiebei aber wegen des Wegfalles eines Diffusors mit größeren Verlusten verbunden, weshalb die Blende nur dort verwendet wird, wo nur geringe Druckabfälle notwendig sind.

Die Messung des Druckabfalles erfolgt am einfachsten mittels eines Quecksilber-Druckdifferenzmanometers (Glasrohr mit Quecksilberfüllung) (s. Abb. 19). Auf dem gleichen Prinzip sind die Mengenmeßgeräte und die mengenabhängigen Steuergeräte aufgebaut, wobei ein Schwimmer die Bewegungen des Quecksilberspiegels mittels eines Gestänges auf das Zeigerwerk bzw. den Schaltmechanismus überträgt. Hervorgehoben sei nochmals, daß die im Venturirohr oder an einer Meßblende entstehenden Druckdifferenzen mit dem Quadrat der Durchflußmenge veränderlich sind. Dementsprechend treten bei kleinen Durchflußmengen nur sehr geringe Unterschiede der beiden Quecksilberspiegel, bei großen Durchflußmengen hingegen bei gleichen Mengenänderungen sehr große Unterschiede auf.

Um quadratische Skalen bei den anzeigenden Geräten und quadratische Hubbewegungen der Gestänge bei Schaltgeräten zu vermeiden, sind Radiziervorrichtungen erforderlich. Das Radizieren (Wurzelziehen) kann entweder hydraulisch oder mechanisch erfolgen. Beide Arten werden angewendet. Die bekanntesten Bauarten seien hier angeführt.

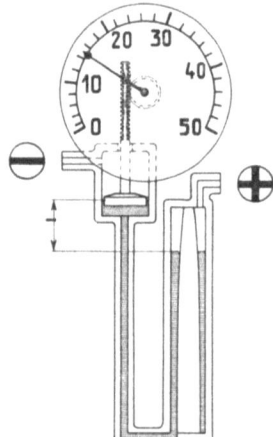

Abb. 20. Mengenanzeiger und Schalter von Bopp und Reuther.

Wie auf den folgenden Abbildungen ersichtlich ist, sind einige der gebräuchlichen Schaltgeräte gleichzeitig anzeigende Geräte, welche die Durchflußmenge in Kubikmeter oder Tonnen per Stunde angeben.

a) Der Venturimengenschalter von Bopp und Reuther.

Bei diesem wird hydraulisch radiziert. (S. Abb. 20.) Das Plusdruckgefäß ist oben weiter und verjüngt sich nach unten. Dadurch wird erreicht, daß für eine bestimmte Durchflußmengenänderung bei geringen Unterschieden zwischen Plus- und Minusseite der Quecksilberspiegel im Minusdruckgefäß um das gleiche Maß gehoben wird wie bei großen Unterschieden. Der Schwimmer, welcher das Zeigerwerk und den Schalter betätigt, ändert seine Höhenlage linear mit der durch das Venturirohr fließenden Menge.

b) Der Mengenschalter mit Tauchglocke von Pollux.

Auch bei diesem wird hydraulisch radiziert. Das bewegliche Plusdruckgefäß zeigt in Verbindung mit dem Minuseinsatz jene besondere Form, durch welche die mit der Wassermenge lineare Hubbewegung des Gestänges erreicht wird. Bei größer werdender Differenz zwischen Plus- und

Minusanschluß wird das Quecksilber in das Minusdruckgefäß gedrückt. Dadurch wird das Plusgefäß leichter und angehoben, die Hubbewegung wird auf das Zeigerwerk und den Schalter übertragen. (S. Abb. 21.)

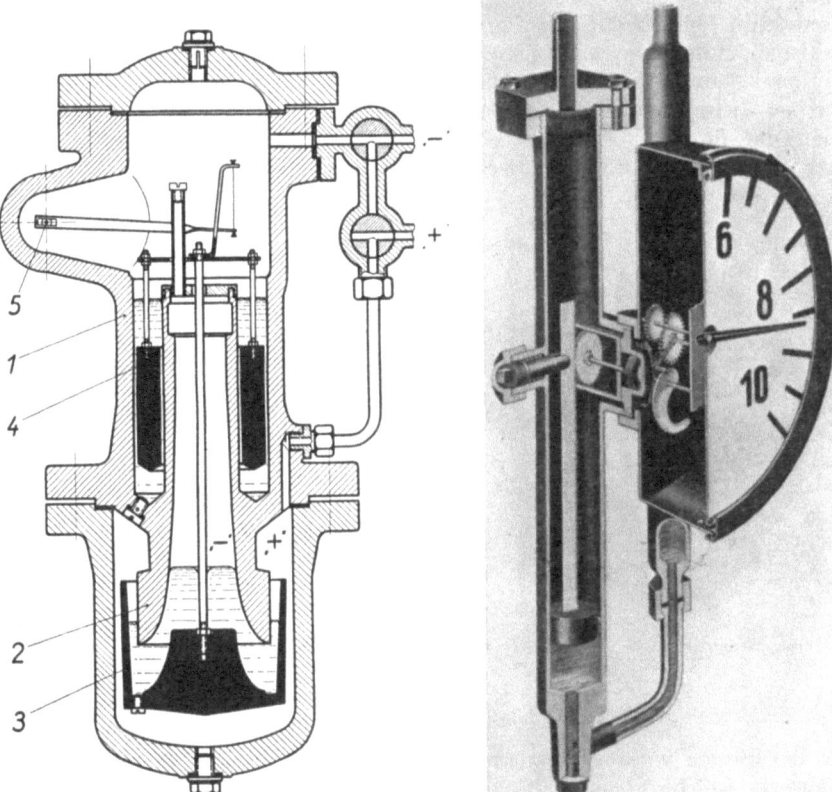

Abb. 21. Mengenschalter von Pollux.   Abb. 22. Mengenanzeiger und Schalter von Siemens und Halske.

c) Der Mengenschalter von Siemens und Halske.

Bei diesem wird mechanisch radiziert durch geeignete Form eines die Bewegung des Schwimmers übertragenden Bogens. Die Schwimmerbewegung wird hier aber nicht durch eine Stopfbüchse hindurch, sondern mittels einer magnetischen Kupplung auf das Zeiger- und Schaltwerk übertragen (s. Abb. 22).

Nicht auf dem Prinzip des Quecksilberdifferenzmanometers beruht

d) der Mengenschalter von Uher und Co.

Bei diesem wird mit Hilfe von zwei aufeinander liegenden Wälzhebeln mechanisch radiziert. Die Bewegung des Schwimmers wird auf den einen Abwälzhebel übertragen, gegen den von unten der zweite gewichtsbelastet drückt. Die Bewegung des zweiten Hebels wird auf das Zeigerwerk übertragen. (S. Abb. 23 und 24.)

Die mengenabhängige Schaltung erfolgt bei diesem Gerät mittels eines beweglichen Zeigerkontaktes sowie eines Minimal- und Maximalkontaktes, ähnlich wie bei dem in Kap. III, D, b, beschriebenen Kontaktmanometer. Die Anschlüsse des Minimal- und Maximalkontaktes an das Zwischenschütz sind gegenüber der in Abb. 14 dargestellten Art miteinander zu vertauschen.

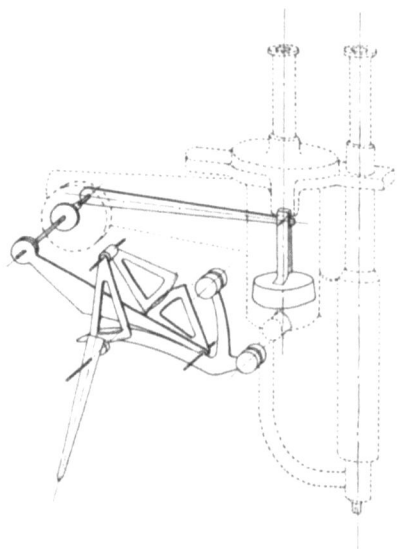

Abb. 23. Mengenanzeiger und Schalter von Uher und Co.

Abb. 24. Radiziervorrichtung des Schalters von Uher und Co.

e) Der Mengenschalter von Vogel.

Bei diesem wirken Plus- und Minusdruck des Venturirohres in zwei Räumen, welche voneinander durch einen Federbalg getrennt sind, auf die beiden Seiten des Federtellers. (S. Abb. 25.) Um die Bewegung des Federtellers ohne Stopfbüchse auf den elektrischen Kippschalter (Quecksilberwippe) übertragen zu können, sind zwei weitere Federbälge angeordnet, die sich gegenseitig hydraulisch entlasten, weil ihr Inneres mit der Außenluft in Verbindung ist. Die im Venturirohr erzeugte Druckdifferenz wirkt auf die Kreisringfläche des Federtellers zwischen großem und kleinem Federbalg nach unten und bringt bei einem bestimmten einstellbaren Differenzdruck den Kippschalter in die ,,Ein"-Stellung und bei kleiner werdendem Differenzdruck wieder in die ,,Aus"-Stellung. Dieses Gerät wird nur als Mengenschalter und nicht als Anzeiger verwendet, weshalb eine Radiziervorrichtung nicht notwendig ist.

f) Die Schalterklappe.

Diese ist eine Rückschlagklappe mit einer aus dem Gehäuse herausgeführten Klappenwelle, welche einen elektrischen Kippschalter trägt

Die mengenabhängige Steuerung.

und durch ihre Drehbewegung betätigt. (S. Abb. 26.) Hier ist weder ein Venturirohr notwendig, noch das Prinzip des Quecksilberdruckmanometers angewendet. Beim Durchfluß schon der geringsten Wassermenge

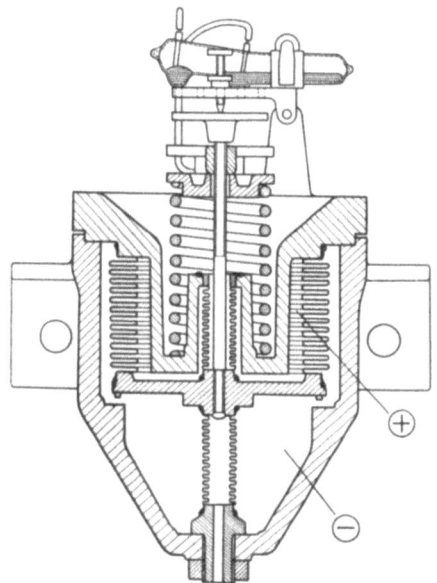

Abb. 25. Mengenschalter von Vogel.

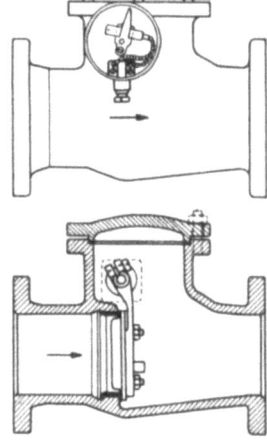

Abb. 26. Schalterklappe.

muß die Klappe öffnen. Bei jeder Durchflußmenge nimmt die Klappe eine dieser Menge entsprechende Stellung ein. Die Abhängigkeit des Verdrehwinkels der Klappenwelle von der Durchflußmenge zeigt Abb. 27. Es ist deutlich zu erkennen, daß im Bereich der kleinen Durchflußmengen einer bestimmten Mengenänderung ein großer Verdrehwinkel entspricht und im Bereich der großen Durchflußmengen der gleichen Mengenänderung nur ein bedeutend kleinerer Verdrehwinkel. Diese Eigenschaft befähigt die Schalterklappe besonders zur mengenabhängigen Außerbetriebsetzung von Pumpen bei kleinsten Fördermengen und zu verschiedenen Sonderschaltungen. Durch die Anordnung eines Hebels mit Gegengewicht auf der Klappenwelle und eine besondere Ausbildung des Durchflußquerschnittes in bezug auf die Klappenlage kann die in Abb. 27 dargestellte Kennlinie weitgehend beeinflußt werden. Die Schalterklappe muß im geschlossenen Zustand nicht dicht sein, weil sie nicht die Funktion einer Rückschlagklappe zu erfüllen hat.

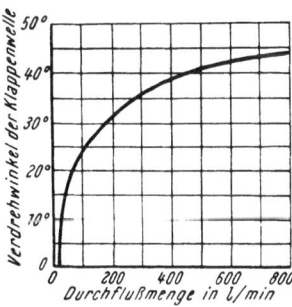

Abb. 27. Kennlinie einer Schalterklappe.

IV. Die Arbeitsverhältnisse einer Kreiselpumpe.

Jede Pumpe hat im Betrieb nicht nur die rein geodätische Förderhöhe (senkrechte Saughöhe plus senkrechte Druckhöhe), sondern auch den Reibungswiderstand der gesamten Förderleitung und oft noch einen gewünschten Auslaufdruck zu überwinden.

Die geodätische Förderhöhe ist im allgemeinen eine gegebene und meßbare Größe. Ein veränderliches Glied in ihr ist die mit der Absenkung des Brunnenwasserspiegels in Abhängigkeit von der Entnahmemenge und allenfalls von der Jahreszeit schwankende Saughöhe. Der Auslaufdruck oder Spritzdruck wird gewöhnlich entsprechend der gewünschten Wurfweite eines Wasserstrahles aus einer Strahldüse als unveränderlicher Wert gewählt. Der Reibungswert der Förderleitung hängt außer von der Rohrlänge und dem Rohrdurchmesser noch von der Durchflußmenge ab, ist also in weiteren Grenzen veränderlich.

Der Widerstand eines geplanten Wasserleitungsrohrnetzes kann rechnerisch aus Tabellen oder Nomogrammen[1] leicht ermittelt werden. Seine Größe ändert sich bekanntlich annähernd quadratisch mit der Durchflußmenge, die Rohrleitungskennlinie ist eine Parabel: $h_w = k \cdot Q_v^2$.

Ein Wasserleitungsrohrnetz besteht gewöhnlich aus einem starken Hauptstrang oder einer Ringleitung mit zahlreichen immer schwächer werdenden Verästelungen und einer großen Zahl von Auslaufstellen. Ihr Widerstand ist nicht ohneweiters eindeutig zu bestimmen. Es müssen Annahmen über die voraussichtliche Verteilung der gesamten Verbrauchsmenge auf die einzelnen Nebenstränge und Verästelungen getroffen werden. Auf Grund dieser Annahmen wird dann der Gesamtwiderstand als Summe der hintereinander liegenden Einzelwiderstände ermittelt. Zu beachten ist, daß sich die Widerstände zweier nebeneinander liegenden Leitungen nicht summieren, sondern nur die Widerstände von hintereinander liegenden Rohren, die vom Wasser nicht parallel, sondern nacheinander durchflossen werden. Ferner ist zu beachten, daß bei der gleichen Gesamtverbrauchsmenge günstige oder ungünstige Auslaufverhältnisse auftreten können, je nachdem, ob die geöffneten Einzelauslässe nahe dem Pumpwerk oder an der entferntesten Stelle, ob sie regelmäßig über das ganze Rohrnetz verteilt oder in einem einzigen Rohrstrang liegen. Demnach ergeben sich für jede Verbrauchsmenge Mindest- und Höchstwerte für den gesamten Leitungswiderstand. In Rechnung gestellt wird entweder ein Mittelwert oder der auf Grund der angenommenen Ausflußverteilung mögliche Höchstwert.

Diese Ausführungen zeigen, daß der Verlauf der Rohrnetzkennlinie nicht immer genau einer Parabel gleicht, weil schon bei kleinsten Verbrauchsmengen der gewöhnlich 1 bis 2 m Wassersäule betragende Widerstand der schwächsten zu den kleinen Einzelausläufen führenden Leitungen in Erscheinung tritt und anderseits auch im Brandfalle, bei großer Wasserentnahme an einer Stelle der stetig ansteigende parabolische Ver-

---

[1] S. „Hütte", Band I, 26. Aufl., S. 373.

lauf der Kennlinie gestört wird. Diese Abweichungen werden aber gewöhnlich vernachlässigt und der Leitungswiderstand wird, wie bereits eingangs erwähnt, mit parabolischem Verlauf auf der Grundlage ermittelt, daß für den Zeitpunkt des größten Wasserverbrauches bei normaler Ver-

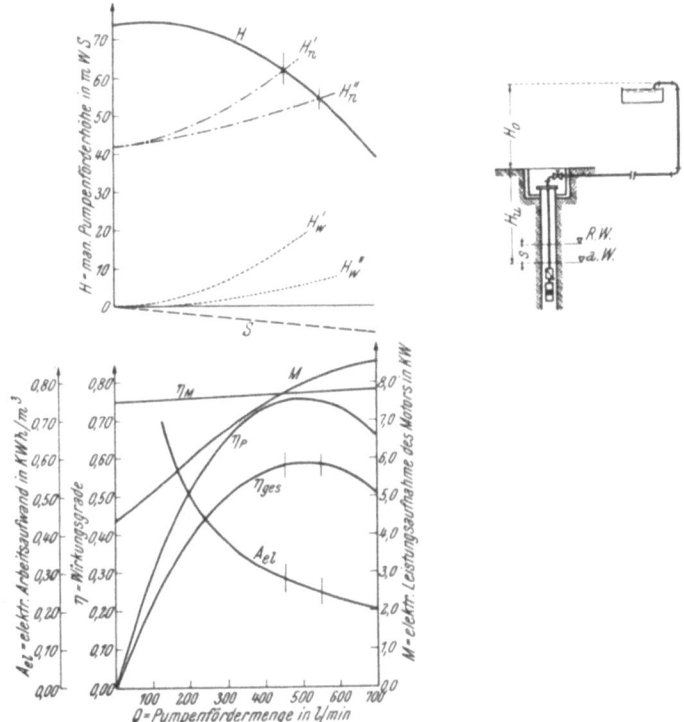

Abb. 28. Förderung einer Kreiselpumpe in einen Hochbehälter.

Q = Fördermenge der Pumpe, H = Förderhöhe der Pumpe, η_P = Wirkungsgrad der Pumpe, η_M = Wirkungsgrad des Elektromotors, η_{ges} = Gesamtwirkungsgrad, S = Wasserspiegelabsenkung, H_w' = Widerstand der Rohrleitung 80 ⌀, H_w'' = Widerstand der Rohrleitung 100 ⌀, H_n' = notwendige Förderhöhe für 80 ⌀, H_n'' = notwendige Förderhöhe für 100 ⌀, A_{el} = elektrischer Arbeitsaufwand, M = vom Motor aufgenommene elektrische Leistung.

teilung über das ganze Rohrnetz ein Brandfall an der ungünstigsten Stelle des Netzes angenommen wird.

Die Arbeitsverhältnisse einer Kreiselpumpe werden am besten an einem Beispiel näher untersucht und in einem Schaubild dargestellt (s. Abb. 28).

Eine Tauchmotorpumpe hätte aus einem Bohrlochbrunnen annähernd 500 Liter je Minute in einen Hochbehälter zu fördern. Der Ruhewasserspiegel des Brunnens liege 20 m unter Brunnenoberkante. Die Spiegelabsenkung sei linear mit der Entnahmemenge anzunehmen und betrage bei der Entnahme von 500 l/min etwa 5 m (Linie s). Der Einlauf in den Hochbehälter liege 22 m über Brunnenoberkante. Die gesamte Förderleitung habe eine Länge von 290 m, ihre ideelle Länge unter Berücksichtigung der Formstücke und Armaturen betrage 318 m. (Die Formstücke und Armaturen werden entsprechend ihren Widerständen geraden Rohrlängen gleichgestellt.)

Es ist zu untersuchen, ob eine Rohrleitung mit 80 mm Durchmesser gewählt werden kann, oder ob aus wirtschaftlichen Gründen besser eine solche von 100 mm zu wählen wäre.

Bei einer Durchflußmenge von 500 l/min beträgt der Widerstand der Leitung von 80 mm Durchmesser laut ,,Hütte", Band I, S. 373, etwa 18 m WS, jener der Leitung von 100 mm Durchmesser etwa 5,4 m WS (Linien H_w' und H_w''). Werden die Spiegelabsenkung s und die Widerstandswerte H_w' und H_w'' über der geodätischen Förderhöhe von 42 m aufgetragen, so ergeben sich die Linien H_n' und H_n'' als Linien der ,,notwendigen Pumpenförderhöhen" in Abhängigkeit von der Fördermenge für die Leitung von 80 mm bzw. 100 mm Durchmesser. Aus dem Fertigungsprogramm einer Pumpenfabrik stünde als geeignetste eine Pumpe mit den im Schaubild eingetragenen Kennlinien zur Verfügung.

($Q = 500$ l/min; $H = 58$ m; $\eta_p = 0,76$; $\eta_m = 0,78$; $\eta_{ges} = 0,59$.)

Der Arbeits- oder Betriebspunkt der Pumpe liegt im Schnittpunkt der Förderhöhenkennlinie (Drosselkurve) H mit der Linie der ,,notwendigen Pumpenförderhöhen", für die Rohrleitung 80 mm bei $Q = 455$ l/min und $H = 61,5$ m, für die Leitung 100 mm bei $Q = 545$ l/min und $H = 54$ m. In beiden Fällen arbeitet die Pumpe bei etwa gleich günstigem Gesamtwirkungsgrad $\eta_{ges} = 0,585$, im ersten Fall aber mit einem Arbeitsaufwand von 0,286 kWh/m³, im zweiten Fall mit einem solchen von $A_{el} = 0,251$ kWh/m³.

Pumpengleichung: Wellenleistung

$$N = \frac{Q \cdot H \cdot \gamma}{4500 \cdot \eta_p} \text{ in PS, wenn } Q \text{ in l/min und } \gamma \text{ in kg/dm}^3.$$

bzw. $N = \dfrac{Q \cdot H \cdot \gamma}{270 \cdot \eta_p}$ in PS, wenn Q in m³/h und γ in t/m³.

Vom Motor aufgenommene elektrische Leistung

$$M = 0,0001634 \cdot \frac{Q \cdot H \cdot \gamma}{\eta_{ges}} \text{ bzw. } 0,00272 \cdot \frac{Q \cdot H \cdot \gamma}{\eta_{ges}} \text{ in kW.}$$

Gesamtwirkungsgrad

$$\eta_{ges} = 0,0001634 \cdot \frac{Q \cdot H \cdot \gamma}{M} \text{ bzw. } 0,00272 \cdot \frac{Q \cdot H \cdot \gamma}{M}.$$

Elektrischer Arbeitsaufwand

$$A_{el} = 0,00272 \cdot \frac{H \cdot \gamma}{\eta_{ges}} = 16,66 \cdot \frac{M}{Q} \text{ bzw. } \frac{M}{Q} \text{ in kWh/m}^3.$$

Unter Verwendung einer Rohrleitung von 80 mm Durchmesser ist wegen der geringeren Pumpenliefermenge die notwendige Laufzeit der

Pumpe um 20% größer und der Arbeitsaufwand um 14% höher als bei einer Leitung von 100 mm Durchmesser. Bei einer täglichen Fördermenge von 150 m³ und einem Strompreis von 18 Groschen je kWh beträgt die jährliche Ersparnis an Stromkosten mit der Leitung von 100 mm Durchmesser etwa 330 S. Die Mehrkosten einer Rohrleitung von 100 mm Durchmesser gegenüber einer solchen von 80 mm bei einem Mehrgewicht von etwa 1500 kg betragen ungefähr 3000 S. Daraus geht hervor, daß in diesem Falle unter besonderer Berücksichtigung der Materialersparnis der Leitung von 80 mm Durchmesser der Vorzug zu geben ist, weil durch die Stromersparnis die Rohrmehrkosten erst in neun Jahren abgedeckt würden, abgesehen aber von der rascheren Abnützung der Pumpe infolge längerer Laufzeit.

Es soll hier darauf hingewiesen werden, daß die Förderhöhenkennlinien vieler Kreiselpumpen eine ausgesprochene Scheitelbildung aufweisen (labile Kennlinie, s. Abb. 32). Ihr Anspringpunkt, das ist die Förderhöhe bei der Liefermenge Null (bei geschlossener Druckleitung), liegt niederer als ein sich bildendes Förderhöhenmaximum. Es ist zu beachten, daß die Anspringförderhöhe einer Pumpe immer größer sein muß als die auftretende geodätische Förderhöhe, weil sonst die Pumpe bei vollkommen gefüllter Förderleitung bei neuerlicher Einschaltung versagen, d. h. nicht fördern würde. Sie kann nur bei leerer oder nur teilweise gefüllter Leitung die Förderung aufnehmen, richtig anspringen.

Bei einer Pumpanlage nach Abb. 32 mit einer geodätischen Förderhöhe von 55 m und einem Rohrwiderstand nach Linie H_{n1} erfolgt der Pumpenanlauf, gefüllte Druckrohrleitung vorausgesetzt, folgenderart: Vor dem Anlauf lastet am Pumpendruckstutzen der durch die Wassersäule in der Leitung gegebene statische Druck, der gleich ist der geodätischen Druckhöhe H_d. Diese ist gleich der geodätischen Gesamtförderhöhe H_g abzüglich der geodätischen Saughöhe H_s. Wird aus Gründen der einfacheren Betrachtung Wasserzulauf zur Pumpe angenommen, so, daß der Zulaufspiegel in gleicher Höhe mit dem Druckstutzen liege, dann herrscht oberhalb einer nach der Pumpe eingebauten Rückschlagklappe ein statischer Druck, der gleich ist der gesamten geodätischen Förderhöhe H_g, im Beispielsfalle von 55 m WS. Die Pumpe selbst ist überdrucklos. Wird sie eingeschaltet, dann steigt der Druck unterhalb der Klappe rasch mit der zunehmenden Motordrehzahl auf den statischen Druck und darüber an.

Bei längerer Druckleitung, wenn große Wassermassen zu beschleunigen sind, steigt der Druck nach Erreichen der vollen Motordrehzahl auf eine Größe gleich der Anspringförderhöhe, im Beispiel auf 72 m WS. Der Druckunterschied gegenüber der statischen Förderhöhe dient zur Beschleunigung der Wassersäule, die Förderung beginnt, der Rohrwiderstand tritt in Erscheinung. Hat die Pumpe die Fließmenge von beispielsweise 75 l/min gebracht, dann herrscht am Pumpendruckstutzen ein Druck von 73,5 m WS, der Beschleunigungsdruck beträgt $73,5 - 56,0 = 17,5$ m WS entsprechend einer notwendigen Pumpenförderhöhe von 56,0 m. Bei einer Fließmenge von 150 l/min beträgt der Pumpendruck ebenfalls 73,5 m WS, der Beschleunigungsdruck aber nur mehr 73,5 — — 59,25 = 14,25 m WS. Bei der Fließmenge von 280 l/min ist die Wassersäule auf die volle Geschwindigkeit beschleunigt, Pumpenförderhöhe und notwendige Förderhöhe sind einander gleich. Der geschilderte Anlaufvorgang dauert gewöhnlich nur wenige Sekunden, je nach Länge der Leitung, dem Beschleunigungsdruck der Pumpe, dem Trägheitsmoment der rotierenden Teile von Pumpe und Motor und dem Anzugsmoment des Motors.

Es gibt Pumpen, bei denen die Drosselkurve im Anspringpunkt sehr stark abfällt, so daß mitunter der Betriebspunkt über dem Anspringpunkt liegt. Ist der Rohrwiderstand gering, dann kann die Anspringförderhöhe kleiner sein als die statische Förderhöhe. In einem solchen Falle versagt die Pumpe beim Anlauf gegen die gefüllte Druckleitung. Bei der erstmaligen Inbetriebsetzung, wenn die Druckleitung noch leer ist und kein statischer Gegendruck wirkt, wird sie sofort zu fördern beginnen und weiterfördern. Nach dem Abstellen muß, damit die Pumpe wieder in Betrieb gebracht werden kann, vorerst die Druckleitung teilweise entleert, der statische Gegendruck vermindert werden. Ein Fall wie der geschilderte ist wohl sehr selten, weil der Rohrwiderstand gewöhnlich eine solche Größe aufweist, daß die Linie H_n im Arbeitsdiagramm bei geringerer als der Anspringförderhöhe beginnt. Anderseits sind Pumpen mit sehr stark abfallendem labilem Ast der Drosselkurve zu vermeiden, wenn dadurch der einwandfreie Betrieb gestört werden könnte.

V. Verhinderung von Wasserschlägen.

Beim allzu raschen Absperren oder Drosseln eines Wasserauslaufes, aber auch beim Abstellen einer fördernden Pumpe können, insbesondere bei langen Rohrleitungen, Wasserschläge (plötzliche, starke Drucksteigerungen) auftreten, die sowohl für die an die Wasserleitung angeschlossenen Geräte (Heißwasserspeicher usw.) und Armaturen wie auch für die Rohrleitung und die Pumpe selbst gefährlich werden können.

Die in einer Rohrleitung fließende Wassermasse besitzt ein bestimmtes Arbeitsvermögen, Geschwindigkeitsenergie oder Wucht. Diese kann nicht vernichtet, sondern nur in eine Arbeitsleistung umgewandelt werden. Beim plötzlichen Abbremsen der bewegten Wassermassen wird die Geschwindigkeitsenergie in Druckenergie verwandelt. Die Folge dieser oft sehr hohen Drucksteigerung ist eine Formänderung (Dehnung) der das Wasser einschließenden Rohrleitungsteile, Geräte oder Armaturen, die mitunter bis zum Bruch führt. Die Wucht des Wassers wird in Formänderungsarbeit umgesetzt. Die Größe der auftretenden Drucksteigerung hängt ab von der Zeit, in welcher diese Dehnarbeit zu leisten ist, von der gefahrlosen Dehnfähigkeit des Materials: je elastischer das Material, desto geringer die Drucksteigerung.

Wasserschläge beim Drosseln oder Sperren eines Auslaufes können am einfachsten verhindert werden, wenn deren Ursache vermieden wird, also durch langsames Schließen des Absperrorganes. Ist aus irgendwelchen Gründen ein rasches Schließen nicht zu vermeiden oder aus anderen Gründen mit einer Drucksteigerung zu rechnen, dann soll an der gefährdetsten Stelle ein Druckwindkessel eingebaut werden. Das Wasser fließt beim raschen Sperren eines Auslaufes in diesen und verursacht nur eine langsame und geringere und daher ungefährliche Drucksteigerung. Die Wucht wird in Kompressionsarbeit umgewandelt.

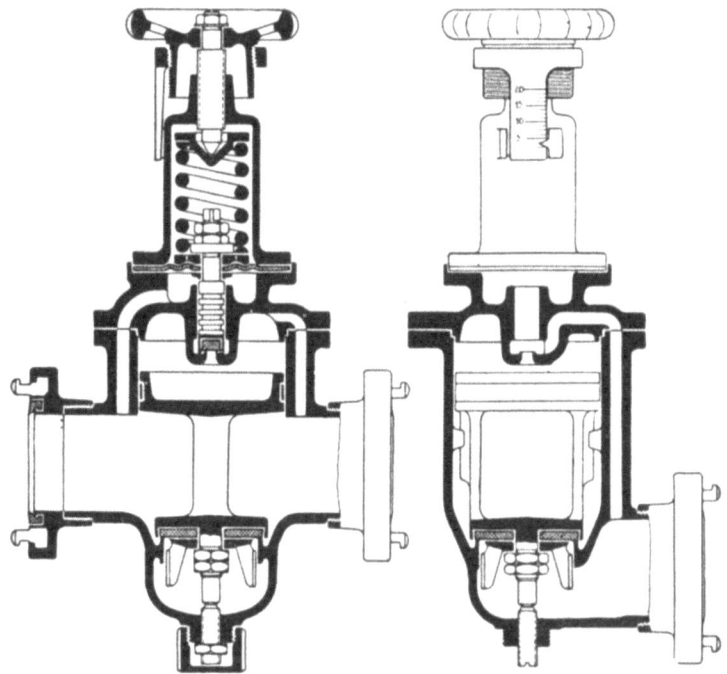

Abb. 29a. Pallas-Überdruckventil von Hübner und Mayer.

Die Größe des Kessels und sein notwendiger Betriebsdruck müssen sorgfältig berechnet werden. Die Feuerwehr verwendet, um das Platzen von Schläuchen beim raschen Schließen einer Zweigleitung zu verhindern, Sicherheitsüberdruckventile, welche beim Erreichen eines einstellbaren Höchstdruckes hydraulisch gesteuert einen Nebenauslaß öffnen, der erst dann wieder schließt, wenn der Leitungsdruck unter den gewünschten Höchstdruck absinkt (s. Abb. 29a und 29b).

Beim Abstellen einer Pumpe hört ihre Förderung sofort auf, weil bekanntlich der Förderdruck quadratisch mit der Drehzahl zurückgeht und die Drehzahl der rotierenden Teile von Pumpe und Motor mangels einer Schwungmasse infolge Abbremsens in der Pumpe rasch abnimmt. Die in der Saug- und Druckleitung in Bewegung befindliche Wassermasse wird abgebremst durch den an der Auslaufstelle vorhandenen Gegendruck, den statischen Gegendruck und den Rohrwiderstand. Je kleiner diese Gegenkräfte sind, um so länger wird die Bremsung dauern.

26   Verhinderung von Wasserschlägen.

Bei langen Druckleitungen mit großen bewegten Massen werden diese nicht gleichzeitig mit dem Aufhören der Pumpenförderung zum

Abb. 29b. Feuerlöschpumpe von Amag-Hilpert mit aufgebautem Rückströmventil, das bei Überdruck einen Rücklauf zur Saugseite öffnet.

Stillstand kommen. Die bewegten Massen saugen Wasser durch die Pumpe und die Saugleitung nach und es bildet sich an einer bestimmten Stelle in der Druckleitung, bestimmt durch den Ansaugwiderstand und die Ansaughöhe, ein Unterdruck, der bisweilen zum Abreißen der Wassersäule führt. In der Druckleitung treten Druckschwingungen auf. Nach dem Stillstand der Massen bricht das

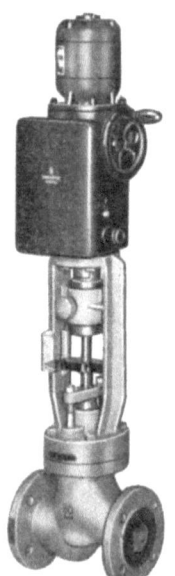 

Abb. 30. Motorventil von Brunnbauer.   Abb. 31. Magnetventil von Brunnbauer.

Vakuum zusammen, es entsteht ein starker Schlag, einerseits durch die plötzliche Druckerhöhung, anderseits durch die zurücksinkenden Wasser-

Verhinderung von Wasserschlägen.

massen verursacht, der sich auf die Pumpe und das Fußventil sowie auf die Rohrleitung auswirkt.

Druckschwingungen können auch dann entstehen, wenn von mehreren laufenden Pumpen eine abgeschaltet wird.

Zur Vermeidung von Wasserschlägen beim Abstellen von Pumpen sind drei Möglichkeiten gegeben.

1. Drosseln der Ausflußmenge vor dem Abstellen der Pumpe so weit, daß beim Abstellen der Pumpe nur mehr geringe Fließgeschwindigkeit herrscht und deshalb das Wasser nur geringe Wucht hat. Wird nahe dem Pumpendruckstutzen gedrosselt, z. B. mittels eines Schiebers, dann ist besonders dann sehr langsam zu schließen, wenn lange Druckleitungen gegeben sind.

Die Drosselung der Fördermenge kann bei selbsttätigen Pumpanlagen mittels Elektroventilen vorgenommen werden. Man unterscheidet Motorventile und Magnetventile. Die ersten sind solche, deren Spindel durch einen kleinen Hilfsmotor über ein Übersetzungsgetriebe gedreht wird. Mit diesen läßt sich jede beliebige Zwischenstellung zwischen offen und geschlossen einregulieren. Bei den Magnetventilen wird ein Steuerkolben gehoben oder gesenkt, wodurch unter Ausnutzung des Druckunterschiedes zwischen einer Stelle vor und nach dem Ventilsitz beim Stillstand der Pumpe das Ventil hydraulisch angehoben oder während des Pumpenlaufes langsam, verzögert durch eine Bremse, geschlossen wird. (S. Abb. 30 und 31.)

2. Wenn ein Abreißen der Wassersäule beim Abstellen der Pumpe zu erwarten ist, empfiehlt sich der Einbau eines möglichst federbelasteten Rückschlagventiles mit Umführungsleitung knapp oberhalb jener Stelle, an welcher das Abreißen der Wassersäule zu erwarten ist.

3. Anordnung eines Windkessels nahe der Pumpe und dessen Verbindung mit der Druckleitung durch eine Stichleitung. Die Größe des Kessels muß sorgfältig berechnet werden.

Wasserschläge und -schwingungen können auch durch nicht entsprechende oder zu klein bemessene Fußventile, Rückschlagklappen oder Rückschlagventile verursacht werden. Wenn solche Ventile nicht zügig, möglichst gleichzeitig mit dem Stillstand der Druckwassersäule schließen, dann fließt nach dem Stillstand der Pumpe zuerst sogar Wasser durch sie aus der Druckleitung in den Brunnen zurück. Das rücklaufende Wasser reißt dann das Ventil oder die Klappe zu und es entsteht ein kräftiger Schlag, oft verbunden mit länger anhaltenden Schwingungen. Zur Vermeidung solcher Schläge sind bezüglich ihres Querschnittes reichlich bemessene Ventile mit nur geringem Hub zu verwenden. Bei zu knapp bemessenen Ventilen ist der Hub oft sehr groß; dieser bedingt eine lange Schließzeit, besonders wenn dann noch die Ventilspindel beim Schließen eckt. Rückschlagventile oder Klappen sollen möglichst federbelastet sein. Die praktisch masselose Gegenkraft der Feder bewirkt ein rasches Schließen im Augenblick des Aufhörens der Pumpenförderung.

In diesem Zusammenhang soll noch auf eine weitere Entstehungsmöglichkeit von Druckschwingungen hingewiesen werden.

Eine Kreiselpumpe kann grundsätzlich in jedem beliebigen Punkt ihrer Kennlinie (Drosselkurve) arbeiten, gleichgültig, ob die Pumpe eine stabile Kennlinie nach Linie H_1 in Abb. 32, oder eine Kennlinie mit labilem Bereich wie Linie H_2 aufweist. Der Arbeitspunkt ist immer der Schnittpunkt der Drosselkurve mit der Linie für die notwendigen Pumpenförderhöhen H_n. Für das Beispiel seien folgende Verhältnisse gegeben:

gewünschte größte Liefermenge	$Q_{max} = 280$ l/min
Rohrwiderstand hiebei	$h_w\ \ = 14{,}75$ m WS
geometrische Gesamtförderhöhe	$H_g\ \ = 55{,}0$ m
manom. Pumpenförderhöhe bei $Q = 280$ l/min	$H_{n1} = 69{,}5$ m

Es stünde in diesem Falle einmal eine Pumpe mit stabiler Kennlinie H_1 und anderseits eine Pumpe mit labiler Drosselkurve H_2 zur Verfügung. Bei vollständig geöffnetem Regulierschieber nahe dem Pumpendruckstutzen tritt die volle Pumpenliefermenge von 280 bzw. 290 l/min auf. Wird der Regulierschieber etwas geschlossen, dann ändert sich dadurch der Widerstand der Druckleitung, so daß die notwendige Pumpenförderhöhe etwa entsprechend Linie H_{n2} gegeben ist. Die Pumpen liefern nur 115 bzw. 117 l/min, arbeiten aber bei größerer Förderhöhe, wobei der Förderhöhenunterschied gegenüber dem Arbeiten bei offenem Schieber in diesem vernichtet, die auftretende Reibung in Wärme umgewandelt wird. Wird der Schieber noch mehr geschlossen, dann liefern die Pumpen entsprechend H_{n3} etwa 45 bzw. 48 l/min. Wird der Schieber ganz geschlossen, dann wird die Förderung der Pumpen unterdrückt, ohne daß gefährliche Drucksteigerungen auftreten. Diese Höchstdrücke liegen, wie Abb. 32 zeigt, nur unwesentlich über den Arbeitsdrücken bei normalem Betrieb, im Beispielsfalle bei 72 bzw. 75,3 m WS. Im Betrieb bei geschlossenem Schieber (gesperrte Druckleitung) erfordert die Pumpe im allgemeinen vom antreibenden Motor eine Wellenleistung, welche 40 bis 50% derjenigen bei voller Liefermenge im Punkte besten Wirkungsgrades beträgt. Diese aufgenommene Energie wird in der Pumpe in Reibung und weiter in Wärme umgesetzt. Eine Kreiselpumpe darf daher nicht zu lange, gewöhnlich nicht mehr als 15 Minuten, gegen geschlossene Druckleitung arbeiten, weil sonst in ihr unzulässige Erwärmungen auftreten, die zu Verreibungen in den Stufenbüchsen führen können.

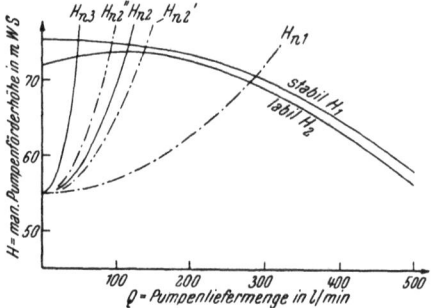

Abb. 32. Günstiger und ungünstiger Arbeitsbereich einer Kreiselpumpe.

Ist die „notwendige Pumpenförderhöhe" H_n während des Betriebes konstant, dann ist mit Störungen auch beim Arbeiten im labilen Bereich nicht zu rechnen. Schwankt sie aber infolge von raschen Änderungen des Leitungswiderstandes, wie solche bei selbsttätigen Druckregel- oder Druckminderventilen und Kesselspeiseventilen auftreten, dann ist beim Arbeiten im labilen Bereich mit Störungen zu rechnen. Geringen Widerstandsänderungen, etwa von Linie H_{n2} bis H_{n2}' oder H_{n2}'' entsprechen schon verhältnismäßig große Liefermengenänderungen. Es entstehen Schwingungen, die aufgeschaukelt werden und Druckschwankungen hervorrufen, denen zufolge die Pumpenliefermenge zwischen Null und einem Größtwert schwingt. Es treten Druckschläge von gefährlichem Ausmaß ein, die Rohrleitung und die Armaturen unterliegen unzulässigen Beanspruchungen. Das Aufschaukeln von Schwingungen tritt besonders bei kurzen Druckleitungen auf, weil nur geringe Wassermassen zu beschleunigen oder zu verzögern sind.

Noch ungünstiger werden die Verhältnisse, wenn der Widerstand der Leitung und der Drosselung sehr klein ist und die Linie für die notwendigen Pumpenförderhöhen die Drosselkurve unter einem äußerst flachen Winkel schneidet.

Wenn kurze Druckleitungen vorliegen und Schwingungserreger der vorbezeichneten Art eingebaut sind, dann sollen, wenn auf geringe Liefermengen gedrosselt werden muß, möglichst nur Pumpen mit ausgesprochen stabiler Kennlinie verwendet werden. Sollen Pumpen mit labiler Drosselkurve bis zu kleinsten Liefermengen gedrosselt werden, dann empfiehlt sich der Einbau einer Umführungsleitung von der Pumpendruckseite zur Saugseite oder in den Ansaugbehälter. Sollen nur geringe Mengen gefördert werden, dann ist das Regulierventil in der Umführungsleitung so weit zu öffnen, daß die Pumpe größere Mengen fördert und im steilen, stabilen Teil der Kennlinie arbeitet. Ein Teil der von der Pumpe geförderten Menge fließt in die Druckleitung, der andere durch die Umlaufleitung. Die hiebei auftretende größere Wellenleistung muß in Kauf genommen werden. In manchen Fällen läßt man die Umführungsleitung ständig offen und reguliert sie auf einen bestimmten Wert ein, um die händische Regelung bei geringem Wasserverbrauch zu vermeiden. Die Pumpe ist bezüglich ihrer Liefermenge entsprechend zu bemessen.

Bei Kesselspeiseanlagen sollen stets Pumpen mit stabiler Kennlinie verwendet werden, die bis zu kleinsten Fördermengen reguliert werden können. Außerdem ist es empfehlenswert, in die Speiseleitung ein Rückschlagventil mit automatischem Freilauf einzubauen. Dieses öffnet bei einem bestimmten Minimalhub, entsprechend einer bestimmten geringsten zulässigen Pumpenfördermenge mechanisch gesteuert eine Umlaufleitung, so daß auch bei gänzlich geschlossener Druckleitung keine schädliche Erwärmung in der Pumpe auftreten kann.

Wird am Ende einer langen Leitung gedrosselt, dann kann die Leitung wegen ihrer Dehnbarkeit bei steigendem Druck (Volumsvergrößerung) und eines möglichen Luftgehaltes wie ein kleiner Windkessel wirken, durch den beim Pumpenbetrieb im labilen Bereich Druckschwingungen entstehen.

Bei Pumpanlagen mit stark wechselndem Verbrauch, besonders dann, wenn dieser zeitweise auf Null sinken kann, sollen Windkessel als Puffer und zur Regelung der Schalthäufigkeit der Pumpen herangezogen werden, wobei die Pumpen selbsttätig durch geeignete Steuergeräte druck- oder mengenabhängig ein- und ausgeschaltet werden. Es ist darauf zu achten, daß die Pumpen hiebei nur im stabilen Teil ihrer Kennlinie arbeiten, dann wird jede Störung bei geringer Wasserentnahme vermieden.

VI. Parallelarbeiten von Kreiselpumpen.

Wenn zwei oder mehrere Kreiselpumpen gleichen Baumusters parallel, d. h. in eine gemeinsame Druckleitung fördern, kann man die Abhängigkeit von gemeinsamer Liefermenge zur Förderhöhe durch eine Summenkennlinie darstellen. (S. Abb. 33.) Diese zeigt bei gleicher Förderhöhe die zwei- oder mehrfache Fördermenge jener der Kennlinie der Einzelpumpen. Ähnliches gilt für die Summenlinie des Wirkungsgrades und des Arbeitsaufwandes. Die Summenlinie für den Pumpenkraftbedarf, wie auch jene für die Leistungsaufnahme der Motoren, zeigt bei der zwei- oder mehrfachen Fördermenge auch die zwei- oder mehrfachen Werte des Kraftbedarfes bzw. der Motorenleistungsaufnahme gegenüber der Einzelpumpe. Es wird hiebei angenommen, daß die einzelnen Pumpen bezüglich ihrer Leistungswerte untereinander vollkommen gleich, d. h. daß ihre Kennlinien untereinander vollkommen gleich sind.

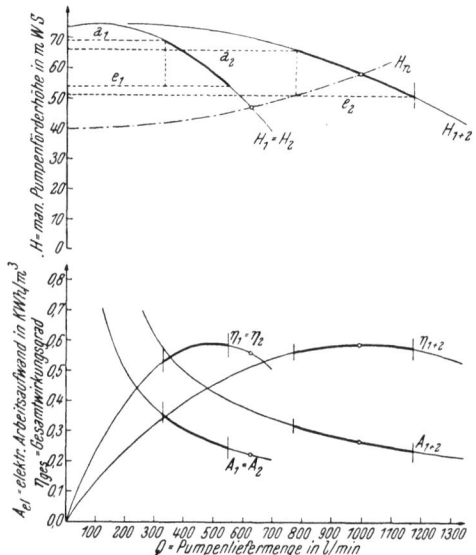

Abb. 33. Parallelarbeiten von Kreiselpumpen. H_n = notwendige Pumpenförderhöhe, $H_1 = H_2$ = Kennlinie zweier gleicher Pumpen, H_{1+2} = Summenkennlinie.

Zur Vereinfachung der Darstellung der Arbeitsweise eines Pumpwerkes für allgemeine Betrachtungen und dann, wenn mit Sicherheit zu rechnen ist, daß die Pumpen nicht im flachen oder labilen Bereich der Kennlinie arbeiten, ist diese Annahme zulässig.

Bei Förderung in einen Hochbehälter ergeben sich die Arbeitspunkte der Pumpen im Schnittpunkt der Linie für die „notwendigen Förderhöhen" H_n mit der Einzelkennlinie $H_1 = H_2$ für das Arbeiten einer Pumpe allein und mit der Summenkennlinie H_{1+2} für das gemeinsame Arbeiten beider Pumpen im Parallellauf. Fördert entsprechend dem

Beispiel nach Abb. 33 nur eine Pumpe, so liefert diese 625 l/min bei einem Gesamtwirkungsgrad von 0,56 und einem Arbeitsaufwand von 0,222 kWh/m³. Fördern beide Pumpen gemeinsam, dann ist die Fördermenge 990 l/min, der Gesamtwirkungsgrad beträgt 0,577 und der Arbeitsaufwand 0,265 kWh/m³. Beim Parallelarbeiten der Pumpen ist die Fördermenge nicht gleich dem Doppelten der Fördermenge einer Einzelpumpe, sondern wegen des größeren Rohrwiderstandes bei größerer Durchflußmenge entsprechend geringer. Die Arbeitspunkte sind genau festgelegt. Weder eine Pumpe allein, noch beide zusammen werden im flachen oder labilen Bereich der Kennlinien arbeiten, wenn die Pumpen in bezug auf die Förderhöhe richtig bemessen sind.

Arbeiten die beiden Pumpen in druckabhängiger Schaltung über einen Windkessel in das Verbrauchernetz, die eine mit einem Einschaltdruck $e_1 = 54$ m WS und einem Ausschaltdruck $a_1 = 69$ m WS, beide Drücke bezogen auf den Ansaugwasserspiegel, die zweite mit um 3 m niederen Schaltdrücken $e_2 = 51$ m WS bzw. $a_2 = 66$ m WS, dann ist ebenfalls die höchste Arbeitsförderhöhe so festgelegt, daß ein Betrieb der Pumpen im flachen oder labilen Bereich nicht eintreten kann. Ist der Verbrauch gering, so daß nur eine Pumpe notwendig ist, dann arbeitet diese bei Fördermengen zwischen 550 und 330 l/min, einem Wirkungsgrad zwischen 0,582 und 0,53 und einem Arbeitsaufwand zwischen 0,242 und 0,355 kWh/m³. Bei größerem Verbrauch arbeiten beide Pumpen gemeinsam mit Summenliefermengen von 1165 bis 770 l/min, bei einem Gesamtwirkungsgrad zwischen 0,575 und 0,56 und bei einem Arbeitsaufwand zwischen 0,233 und 0,32 kWh/m³.

Fördern die Pumpen aber direkt in ein Verbrauchernetz, ohne Verwendung eines Hochbehälters oder eines Druckwindkessels, dann ist es bei einem Rückgang des Verbrauches möglich, daß beide Pumpen zusammen im flachen oder labilen Bereich arbeiten. Es kann leicht zu Betriebsstörungen kommen, zum Abreißen der Förderung einer der beiden Pumpen, ohne daß Druckschwankungen als Ursache auftreten.

Zwei Pumpen des gleichen Baumusters sind bezüglich ihrer Kennlinien einander nie völlig gleich. Sie weisen Unterschiede auf, wie in Abb. 34 durch die Linien H_1 und H_2 dargestellt. Diese Unterschiede sind einerseits darin begründet, daß die Güsse der wichtigsten Pumpenteile (Laufräder und Leitapparate) hinsichtlich der Querschnitte und Schaufelwinkel einander nie völlig gleich sind. Anderseits weisen auch die Drehzahlen der antreibenden Elektromotoren, auch wenn diese gleichen Baumusters sind, Unterschiede auf, was verschiedene Förderhöhen der beiden Pumpen zur Folge hat.

Werden kleine Unterschiede in den tatsächlichen Leistungswerten zweier Kreiselpumpen zugrunde gelegt, dann ergibt sich eine in Abb. 34 dargestellte Summenkennlinie H_{1+2}. Diese zeigt einen deutlichen Knick, sie springt bei kleinen Liefermengen auf die Kennlinie H_1 der Pumpe mit der größeren Förderhöhe über. Das bedeutet, daß beim Drosseln auf kleine Fördermengen die Förderung der Pumpe mit etwas geringerer Förderhöhe unterdrückt wird, so daß diese leer läuft. Anderseits ist aus der Abbildung erkenntlich, daß bei kleinem Verbrauch zu einer bereits laufenden Pumpe die zweite nicht ohne weiteres zugeschaltet werden darf, weil eine der beiden Pumpen leer laufen würde, und zwar immer jene mit der geringeren Förderhöhe.

Es muß daher beim Parallelarbeiten von Kreiselpumpen immer getrachtet werden, daß eine bestimmte Mindestsummenliefermenge nicht unterschritten wird. Bei Pumpen mit stabilen Kennlinien liegen die Verhältnisse wohl bedeutend günstiger, vermeiden lassen sich die gezeigten Erscheinungen aber nicht, weshalb bei einem starken Rückgang der Förderung durch Drosseln oder Verminderung des Verbrauches immer auch die überflüssige Pumpe abzuschalten ist.

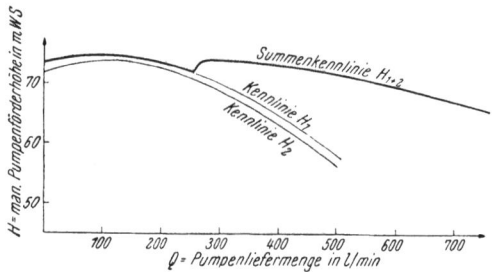

Abb. 34. Summenkennlinie zweier nicht völlig gleicher Kreiselpumpen.

Man wähle daher bei Förderung in einen Hochbehälter Pumpen, welche gemeinsam fördern sollen, immer derart, daß sie nicht im Bereich des flachen oder gar labilen Teiles ihrer Kennlinie arbeiten.

Auch bei druckabhängig gesteuerten Pumpen ist darauf Rücksicht zu nehmen. Die Ausschaltdrücke dürfen nicht zu hoch gewählt werden, damit beim Parallellauf die gezeigten Störungen vermieden werden. Bei der Festlegung der Ausschaltdrücke ist auch auf eine mögliche Absenkung des Brunnenwasserspiegels Bedacht zu nehmen, weil sonst mitunter wegen der vergrößerten geodätischen Förderhöhe die eingestellten Ausschaltdrücke nicht erreicht werden können. Auch etwa mögliche Frequenzschwankungen des Stromnetzes sind bei Bestimmung der Ausschaltdrücke zu berücksichtigen, weil bei niederer Frequenz die Motordrehzahl sinkt und damit die Pumpenförderhöhe geringer wird.

Noch bedeutend ungünstiger aber liegen die Verhältnisse beim Parallelarbeiten von zwei verschiedenen Pumpen, besonders dann, wenn die Pumpe mit der größeren Förderhöhe noch auch größere Liefermenge hat. Hier ist besondere Vorsicht am Platze.

Wichtig ist ferner, daß zwei oder mehrere parallel arbeitende Kreiselpumpen möglichst nicht aus einer gemeinsamen Saugleitung ansaugen sollen, insbesondere dann nicht, wenn größere Saughöhen zu überwinden sind. Der Grund ist folgender: Wenn nur eine Pumpe arbeitet, so entsteht sowohl an ihrem Sauganschluß als auch an dem der anderen nicht laufenden Pumpen ein Unterdruck (Vakuum). Der gleiche Unterdruck herrscht im Inneren aller nichtlaufenden Pumpen, wenn Rückschlagklappen oder Rückschlagventile wie üblich an den Druckanschlüssen der Pumpen eingebaut sind. Bei nicht entsprechend gepflegten Stopfbüchsen kann infolge des Unterdruckes in der Pumpe Luft durch diese eingesaugt werden. Ist die eingesaugte Luftmenge gering, dann wird der Betrieb der laufenden Pumpe dadurch nicht gestört. Ist die eingesaugte Luftmenge aber erheblich, dann füllt sie schließlich die nichtlaufenden Pumpen an und kann sogar in den Sauganschluß der laufenden gelangen, was zu deren Versagen führt. Jedenfalls versagen die anderen Pumpen bei ihrem Einschalten den Dienst, weil sie nicht mit Wasser, sondern mit Luft gefüllt sind. Man kann diesem Übel dadurch begegnen, daß man die Rückschlagventile nicht druckseitig, sondern vor den Sauganschlüssen der Pumpen einbaut. Dann stehen die Pumpen und die Stopfbüchsen auch der nichtlaufenden Pumpen unter Druck, das Einsaugen von Luft wird verhindert. Rückschlagventile in Saugleitungen vermindern aber wegen ihres zusätzlichen Widerstandes die geodätische Saughöhe, weshalb es empfehlenswerter ist, für jede Pumpe eine getrennte Saugleitung vorzusehen.

Wenn die Pumpen ständig Zulauf haben, der auch bei abgesenktem Wasserspiegel im Zulaufbehälter erhalten bleibt, dann können und sollen die Rückschlagventile druckseits angeordnet werden, damit die Stopfbüchsen während des Stillstandes druckentlastet sind. Bei Zulauf ist auch gegen eine gemeinsame Ansaugleitung nichts einzuwenden.

VII. Die Wassermangelsicherung gegen Trockenlauf und Leerlauf.

Die Förderhöhe einer Kreiselpumpe ist bekanntlich, in groben Zügen gesehen, eine Funktion des Laufraddurchmessers und der Drehzahl: $H = k \cdot D^2 \cdot n^2$.

Die Dimension der Förderhöhe ergibt sich in m FlS (Meter Flüssigkeitssäule), was in der Bezeichnung Förder-,,Höhe" ausgedrückt wird. Das bedeutet: eine Kreiselpumpe kann alle Förderflüssigkeiten, unabhängig von ihrem spezifischen Gewicht, bei einer bestimmten Fördermenge nur auf eine ganz genau bestimmte Höhe pumpen, die nicht variabel ist, gleiche Zähigkeit vorausgesetzt.

Ein und dieselbe Kreiselpumpe kann daher bei gleicher Liefermenge sowohl Wasser ($\gamma = 1000$ kg/m³), Kühlsole ($\gamma = 1200$ kg/m³) und Benzin ($\gamma = 700$ kg/m³) gleich hoch heben und nicht etwa die eine Flüssigkeit höher als eine andere. Die erforderliche Wellenleistung ist aber selbstverständlich vom spezifischen Gewicht abhängig und bei Sole entsprechend größer als bei Wasser oder Benzin. Aber auch der von einem Manometer angezeigte Pumpenförderdruck ist bei den verschiedenen Flüssigkeiten entsprechend dem spezifischen Gewicht verschieden. Einer 10 m hohen Wassersäule entspricht ein Druck von 1,0 kg/cm², einer 10 m hohen Solesäule ein solcher von 1,2 kg/cm², einer gleich hohen Benzinsäule ein Druck von 0,7 kg/cm². Ist das Manometer nicht nach kg/cm² geteilt, sondern nach m WS (Meter Wassersäule), dann entsprechen 10 m WS ... ... 1 kg/cm².

Der mit Luft erzielbare Förderdruck einer Kreiselpumpe ist äußerst gering und reicht nicht aus, um den Gegendruck auch nur ganz kleiner Wasserhöhen in der Druckleitung zu überwinden oder ein brauchbares

Vakuum zu erzielen. Dringt Luft in das Laufrad einer normalen, radial verschaufelten Kreiselpumpe, dann versagt sie gewöhnlich. Normale Kreiselpumpen sind nicht luftansaugend (nicht ganz zutreffend spricht man oft von „selbstansaugend"), sowohl Pumpe als auch Saugleitung müssen vor der Inbetriebsetzung mit Förderflüssigkeit angefüllt sein. Saugleitungen müssen dicht und Saugstopfbüchsen mit Druckwasserabschluß versehen sein, um das Eindringen von Luft zu verhindern.

Kreiselpumpen, die aus einem Brunnen oder Behälter hochsaugen, versagen jedenfalls, wenn bei Wassermangel Luft, wenn auch nur kurzzeitig, in die Saugleitung und damit in die Pumpe gelangt. Das teilweise mit Luft gefüllte Laufrad erreicht nicht mehr den notwendigen Förderdruck, die Förderung reißt ab. Die Luft bleibt an der Stelle geringsten Druckes, das ist kurz nach dem Eintritt in den Schaufelteil des Laufrades, wo sie außerdem ihr größtes Volumen hat, hängen. Außerdem reicht der mit einem luftgefüllten Laufrad erzielbare Unterdruck nicht aus, das Wasser nachzusaugen. Die Pumpe läuft trocken.

Pumpen, denen das Wasser zufließt, versagen gewöhnlich ebenfalls bei Lufteintritt durch Wassermangel, auch wenn sofort nachher wieder genügend Zulauf vorhanden ist. Man kann aber die Wiederaufnahme der Förderung erreichen, wenn man für eine selbsttätige Entlüftung der Pumpe sorgt. Diese besteht in einer stark gedrosselten Rücklaufleitung von der Pumpendruckseite unterhalb der Rückschlagklappe in den Zulaufbehälter, bei Tauchmotorpumpen in einer Bohrung im Druckgehäuse unterhalb des Rückschlagventils. Das der Pumpe wieder zufließende Wasser gelangt in das Laufrad, die Luft kann durch die Umführungsleitung ohne Gegendruck nach außen gedrückt werden, bis schließlich die volle Förderung eintritt.

Pumpen mit Wasserzulauf, bei denen im Betrieb der Anteil der Reibungswiderstände an der gesamten notwendigen Pumpenförderhöhe sehr groß ist, oder solche Pumpen, die bei kleineren als den normalen Betriebsfördermengen wesentlich höhere Förderhöhen haben als jene beim normalen Betrieb, erholen sich selbst nach Lufteintritt und fördern kurz nach Wiederkehr des Wassers weiter. Die Pumpe versagt zunächst bei Lufteintritt. Der Gegendruck am Druckstutzen sinkt sofort auf den geringen Wert der statischen Förderhöhe. Nun kann aber das teilweise mit Luft gefüllte Laufrad, mit der Liefermenge Null beginnend, den geringen Gegendruck überwinden, das zufließende Wasser drückt in das Laufrad, die Luft wird mitgerissen, es tritt volle Förderung ein. Man macht von dieser Tatsache Gebrauch, wenn mangelnder Zulauf regelmäßig erwartet wird, bemißt die Pumpe für entsprechend größere Förderhöhe und läßt sie gedrosselt laufen. Bei ständig wechselndem Zulauf, auf den die Pumpe nicht dauernd einreguliert werden kann, tritt bei Mangel entweder ein Auf- und Abschwellen der Zulaufsäule vor der Pumpe ein oder die Pumpe fördert ein Wasser-Luft-Gemisch bei geringer Fördermenge und geringem Gegendruck.

Trockenlauf von Kreiselpumpen nach Lufteintritt führt zu Verreibungen an Dichthülsen und Dichtringen, oft zu schweren Beschädigungen

Die Wassermangelsicherung gegen Trockenlauf und Leerlauf.

der Pumpen, weshalb er unbedingt zu verhindern ist. Man sieht daher in jenen Fällen, wo mit Wassermangel im Brunnen oder Ansaugbehälter gerechnet werden muß, entsprechende Sicherungen vor, die eine Außerbetriebsetzung der Pumpe noch vor einer gefahrdrohenden Absenkung des Ansaugspiegels vor dem Einsaugen von Luft bewirken, die aber anderseits beim Ansteigen des Spiegels die Pumpe wieder einschalten bzw. betriebsbereit machen.

Als Wassermangelsicherung gegen Trockenlauf dienen alle wasserstandsabhängigen Steuergeräte nach den Abb. 2 bis 10. Diese unterbrechen bei einem durch die Lage des Saugers oder des Einsaugsiebes von Tauchmotorpumpen gegebenen Mindestwasserstand den Steuerstromkreis des Motorselbstanlassers und schließen ihn wieder bei einem entsprechend höheren Wasserspiegel. Sie sind entweder selbst in Reihe mit dem jeweiligen Steuerschalter (Druckschalter, Wasserstandsschalter, Handfernschalter usw.) geschaltet und verhindern deren Wirksamkeit, oder sie betätigen ein Hilfsschütz, das in Reihe mit dem Steuerschalter liegt.

Bei Pumpanlagen, deren Pumpen Zulauf aus einer geschlossenen Rohrleitung erhalten, kann eine Sicherheitsabschaltung bei mangelndem Zulaufdruck gegen Leerlauf mit druckabhängigen Steuergeräten erzielt werden.

a) Mit einem „verkehrt" schaltenden Druckschalter, der seine Kontakte bei einem Minimaldruck öffnet und damit den Steuerstromkreis des Motoranlassers unterbricht und bei einem höheren Druck schließt, so daß die Pumpe bei Druckmangel ausgeschaltet und bei steigendem Druck wieder betriebsbereit geschaltet wird.

b) Mit einem „normalen Druckschalter" in Verbindung mit einem Hilfsschütz, das bei Erregung über den bei Minimaldruck geschlossenen Druckschalter seine Kontakte öffnet und damit den Steuerstrom des Motoranlassers unterbricht und bei Wiederkehr des Druckes und damit Öffnen der Druckschalterkontakte abfällt und den Steuerstrom des Anlassers schließt.

c) Mit einem Kontaktmanometer, dessen Minimal- und Maximalkontaktanschlüsse an das Zwischenschütz gegenüber der normalen Druckschaltung nach Abb. 14 miteinander vertauscht sind.

Mit einem Kontaktmanovakuummeter ist es möglich, die Pumpe einer bestimmten Höchstsaughöhe bzw. bei einem bestimmten Unterdruck in der Zulaufleitung aus Sicherheitsgründen abzuschalten und bei einem etwas geringeren Unterdruck oder bei dem normalen Überdruck wieder betriebsbereit zu schalten.

Auch die mengenabhängigen Steuergeräte, vor allem die Schalterklappen nach Abb. 26 und 27, können als Wassermangelsicherung gegen Trockenlauf von Pumpen verwendet werden. Während wasserstandsabhängige Schaltgeräte die Pumpe noch vor dem Einsaugen von Luft ausschalten und bei genügendem Wasservorrat selbsttätig wieder einschalten, wirken mengenabhängige Geräte erst beim Rückgang der Fördermenge, gewöhnlich erst nach dem Abreißen der Förderung durch

Lufteintritt. Sie können daher nur dort verwendet werden, wo die in die Pumpe eingedrungene Luft leicht entfernt werden kann, oder in Fällen einer selbsttätigen Entlüftung. Dementsprechend kann die Wiederinbetriebsetzung der Pumpanlage nach der Sicherheitsabschaltung durch die Schalterklappe entweder nur von Hand aus, oder auch selbsttätig nach einer bestimmten Zeitspanne mittels eines Schaltwerkes erfolgen, das die Pumpanlage immer wieder in bestimmten Zeitabständen betriebsbereit macht.

Bei Verwendung der wasserstandsabhängigen Geräte ist eine mitunter längere, in den Brunnen führende Steuerleitung erforderlich; die mengenabhängige Schalterklappe in der Pumpendruckleitung erfordert nur eine kurze Leitung innerhalb des Pumpenraumes.

Das grundsätzliche elektrische Schaltbild bei Verwendung von Wasserstandsschaltern zur Schutzabschaltung zeigen die Abb. 47 und 48 in Kap. X, B, wobei die Pumpen bei Förderung in einen Hochbehälter auch wasserstandsabhängig selbsttätig ein- und ausgeschaltet werden. Für Pumpwerke mit Druckwindkessel bei druckabhängiger Ein- und Ausschaltung ist die Schaltung sinngemäß auszuführen, ebenso bei handgesteuerten Pumpanlagen.

Die Anwendung der Schalterklappe zeigen die Abb. 41 und 43 in Kap. X, A, wobei die Pumpen bei Förderung in einen Hochbehälter zeitabhängig ein- und liefermengenabhängig mittels der Schalterklappe ausgeschaltet werden. Die Schalterklappe hat hier einen doppelten Zweck.

Das elektrische Schaltbild für die Verwendung der Schalterklappe zur Schutzabschaltung mit Wiederinbetriebsetzung von Hand aus bei

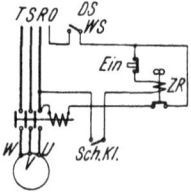
Abb. 35. Schaltbild für Trockenlaufschutz mittels Schalterklappe bei Wiedereinschalten von Hand.

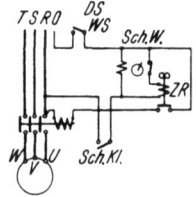
Abb. 36. Schaltbild für Trockenlaufschutz mittels Schalterklappe bei automatischer Wiedereinschaltung.

Pumpen, die bei Förderung in einen Hochbehälter von einem Wasserstandsschalter oder unter Verwendung eines Druckwindkessels von einem Druckschalter gesteuert werden, zeigt obenstehende Abb. 35. Die Schalterklappe *Sch. Kl.* hält ihre Kontakte geschlossen, wenn die Pumpe nicht fördert. Schließt der Druckschalter *DS* oder der Wasserstandsschalter *WS* seinen Kontakt, dann erhält die Spule des Motoranlassers Spannung, die Pumpe läuft an. Gleichzeitig wird das Zeitrelais *ZR* erregt, das seine Kontakte verzögert öffnet. Seine Verzögerungszeit muß länger sein als die Anlaufzeit der Pumpe, so daß die Erregung durch Kontaktöffnung der Schalterklappe unterbrochen wird, bevor die

Kontakte des Zeitrelais unterbrochen werden. Tritt während des Betriebes Wassermangel auf, so daß Luft in die Pumpe kommt, dann versagt die Pumpe, die Schalterklappe schließt den Stromkreis des Zeitrelais, welches nach der Verzögerungszeit den Steuerstrom zum Motoranlasser unterbricht und die Pumpe ausschaltet. Die neuerliche Inbetriebsetzung der Pumpanlage erfolgt durch Druck auf den Druckknopftaster. Selbsttätige Wiederinbetriebsetzung bei automatischer Pumpenentlüftung (bei Tauchmotorpumpen oder bei anderen Kreiselpumpen mit Zulauf möglich) ist in Abb. 36 dargestellt. Hier wird die neuerliche Inbetriebsetzung der Pumpanlage an Stelle des Druckknopftasters in Abb. 35 durch ein Schaltwerk *Sch. W.* veranlaßt, das nach der Schutzabschaltung zu laufen beginnt und in bestimmten Zeitabständen, z. B. alle 15 Minuten, kurzzeitig den Erregerstromkreis des Zeitrelais unterbricht, so lange, bis die Schalterklappe öffnet. Die Pumpe wird hierbei jedesmal kurzzeitig auf die Dauer der Relais-Verzögerungszeit eingeschaltet, bis wieder genügender Wasserzulauf gegeben ist und Förderung während der Anlaufzeit eintritt. Die Schutzabschaltung mittels Schalterklappe wird bis auf die Schalterart nach Abb. 41 und 43 selten verwendet.

Die Abb. 56, 57 und 58 in Kap. X, F, b zeigen Sonderschaltungen.

VIII. Allgemeines über Pumpwerke.

Bei der Planung eines Pumpwerkes sind folgende Bedingungen zu erfüllen.

1. An den einzelnen Verbraucherstellen soll immer ohne Unterbrechung genügend Wasser bei einem entsprechenden Druck zur Verfügung stehen.

2. Der Druck an den einzelnen Verbraucherstellen soll untereinander möglichst gleich und gleichbleibend sein, ohne große Schwankungen, unabhängig von der Größe des Verbrauches.

3. Der an den Verbraucherstellen herrschende Druck soll unter Berücksichtigung der Notwendigkeiten so nieder als möglich sein. Im allgemeinen ist an den höchsten Auslaufstellen eines Wohnhauses ein Mindestdruck von 5 m WS (= 0,5 atü) vorzusehen, wo gasbeheizte Automaten für Heißwasserbereitung Verwendung finden, ein solcher von 10 bis 15 m WS. Für Zwecke des Gartenspritzens ist am Gartenhydranten ein Mindestdruck von 15 bis 20 m WS notwendig, für Feuerlöschzwecke am ungünstigst gelegenen Hydranten ein Mindestdruck von 25 bis 40 m WS je nach Gebäudehöhe.

4. Das Pumpwerk soll so bemessen werden, daß sich insbesondere bei normalem Wasserverbrauch größte Wirtschaftlichkeit ergibt. Die Pumpen sollen hiebei unter Einhaltung der notwendigen Mindestförderhöhe im Bereich ihres besten Wirkungsgrades arbeiten, woraus sich der geringst mögliche elektrische Arbeitsaufwand, die geringsten Stromkosten ergeben.

5. Die schaltungstechnische Einrichtung des Pumpwerkes soll möglichst einfach, übersichtlich, leicht einstellbar, leicht zu bedienen und betriebssicher sein.

6. Das Ein- und Ausschalten von Pumpen bzw. das Zu- und Abschalten oder das Um- und Rückschalten soll in möglichst günstiger Anschmiegung an den Verbrauch, weich und ohne Druckstöße in der Leitung erfolgen.

7. Die Pumpen sollen möglichst selten ein- und ausgeschaltet werden, damit die Kontakte der Steuer- und Schaltgeräte geschont werden und eine lange Lebensdauer derselben gewährleistet ist.

8. Bei jedem Pumpwerk soll grundsätzlich eine Reservepumpe vorgesehen werden, welche beim Ausfall der Betriebspumpe möglichst selbsttätig an deren Stelle tritt, wenigstens bei jenen Pumpanlagen, die der öffentlichen Wasserversorgung oder der Versorgung solcher Verbraucher dienen, deren Wasserversorgung keine Unterbrechung erleiden darf; mindestens sollen, wenn schon nicht eingebaut und betriebsfähig, Reservepumpen und Ersatzteile zu den Steuer- und Schaltgeräten vorhanden sein, damit notfalls in kurzer Zeit Instandsetzungsarbeiten durchgeführt werden können.

IX. Handgesteuerte Pumpanlagen mit dauernd laufenden Pumpen bei direkter Förderung zu den Verbraucherstellen.

Wenn keinerlei Speicher, weder ein Hochbehälter als Großspeicher, noch ein Druckwindkessel zur Regelung des selbsttätigen Schaltspieles der Pumpen verwendet werden soll, dann müssen die Pumpen, solange ein Wasserverbrauch vorliegt, dauernd laufen. Eine Kreiselpumpe soll aber tunlichst nicht in ihrem ungünstigen Arbeitsbereich (s. Abb. 32) oder längere Zeit bei geschlossener Druckleitung laufen, um einen sicheren Betrieb zu gewährleisten. Auch wenn die Pumpe eine ausgeprägt stabile Kennlinie aufweist und deshalb mit Störungen nicht zu rechnen ist, soll ein Betrieb bei kleinsten Liefermengen schon aus wirtschaftlichen Gründen vermieden, d. h. eine bestimmte Minimalmenge nicht unterschritten werden. Jedenfalls müssen Dauerlaufpumpen entweder schon beim Unterschreiten einer Mindestfördermenge oder bei der Fördermenge Null außer Betrieb genommen werden. Dies kann von Hand aus, aber auch selbsttätig über ein liefermengenabhängiges Steuergerät, etwa eine Schalterklappe, erfolgen. (Halbautomatischer Betrieb.)

In seltenen Fällen steuert man mit Hilfe eines liefermengenabhängigen Steuergerätes beim Unterschreiten einer zulässigen Mindestliefermenge ein magnetisches Ventil, das einen Rücklauf von der Pumpendruckseite zum Ansaugbehälter öffnet.

Bei Speisepumpen sind Freilauf-Rückschlagventile (s. Abb. 37) gebräuchlich. Diese öffnen den Rücklauf selbsttätig beim Rückgang der durch den Regler gedrosselten Speisewassermenge auf den Wert der für die Pumpen zulässigen geringsten Liefermenge.

Dauernd laufende Pumpen verwendet man bei ortsbeweglichen Pumpen für die verschiedensten Zwecke, bei Bewässerungsanlagen für Gärtnereien, bei der Feldberegnung und in Industriebetrieben zur Versorgung von

Maschinen mit Kühl- oder Spülwasser, bei Warmwasserheizungsanlagen als Umwälzpumpe, als Speisepumpe für Dampfkessel, aber auch bei größeren städtischen Wasserversorgungsanlagen. Das Anwendungsgebiet dauernd laufender Pumpen ist sehr groß; besondere Vorsicht ist beim Parallellauf von Pumpen walten zu lassen.

Selbsttätiges Zuschalten einer zweiten Pumpe zu einer bereits laufenden oder selbsttätiges Umschalten von einer kleinen auf eine größere Pumpe in Abhängigkeit von der Verbrauchsmenge wird, ohne Verwendung mindestens eines Pufferwindkessels, bei direkter Förderung zu den Verbraucherstellen selten angewendet. Es könnten hiebei mancherlei Störungen, Druckstöße, Lieferlücken auftreten. Deshalb werden dauernd laufende Pumpen bei direkter Förderung in das Rohrnetz gewöhnlich nur in Handschaltung betrieben. Beim Betrieb mehrerer Pumpen ist eine sorgfältige Wartung und Überwachung des Betriebes erforderlich, sonst könnte es vorkommen, daß beim Rückgang des Verbrauches eine Pumpe durch längere Zeit hindurch leer läuft und Schaden nimmt. Fördermengenanzeigende Geräte sind zur Kontrolle des Betriebes zu empfehlen.

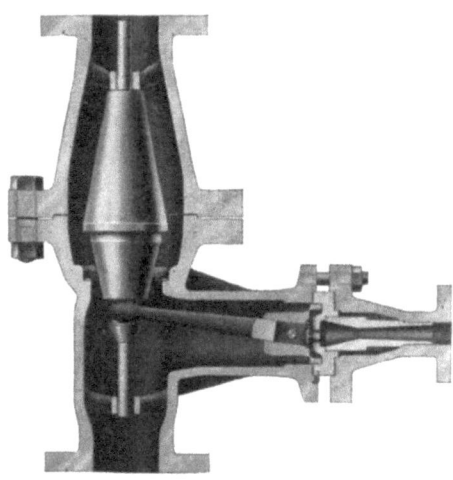

Abb. 37. Freilauf-Rückschlagventil von Klein, Schanzlin und Becker.

Bei Handschaltung von Pumpen können grundsätzlich jene Schaltarten verwendet werden, die in den folgenden Kap. XI. E, F, G, J, K und L beschrieben sind. Hier werden die Pumpen von einem Pumpenwärter von Hand aus auf Grund seiner Ablesungen an einem Manometer oder Verbrauchsmengenanzeiger ein- und ausgeschaltet, dort geschieht dies automatisch durch entsprechende Steuergeräte. Hier werden Druckstöße dadurch vermieden, daß die in die Druckleitung der einzelnen Pumpen eingebauten Regulierschieber während des Pumpenlaufes langsam geöffnet oder geschlossen werden, dort sind Windkessel vorhanden, die nicht nur als Puffer wirken, sondern auch als Kleinspeicher, welche die Schalthäufigkeit der Pumpen regeln.

X. Pumpwerke mit Hochbehälter.

Diese sind im allgemeinen die wirtschaftlichsten Pumpwerke. Das Wasser wird vom Brunnen, von einer Quellstube oder einem Reinwasserbehälter in einen Hochbehälter gepumpt, der als Großspeicher dient. Von diesem fließt das Wasser den Verbrauchern durch das ·Gefälle zu.

Pumpwerke mit Hochbehälter.

Der große Vorteil dieser Anlagen liegt darin, daß auch Wasservorkommen mit geringer Ergiebigkeit zur Versorgung größerer Verbrauchergebiete dienen können. Die Pumpen brauchen nicht für die minutliche Spitzenverbrauchsmenge bemessen werden, sondern nur für eine bedeutend geringere Menge, für eine Stundenleistung von etwa einem Achtel bis einem Zehntel des Wasserbedarfes in 24 Stunden, je nach der Ergiebigkeit des Wasservorkommens und der gewünschten täglichen Laufzeit der Pumpe. Der Hochbehälter dient als Großspeicher, dessen Gesamtinhalt sich nach dem Gesamttagesverbrauch und der gewünschten Reserve (Brandreserve) richtet. Im allgemeinen soll der Inhalt eines Hochbehälters mindestens gleich sein dem eineinhalbfachen Tagesbedarf plus Brandreserve. Es soll immer ein bestimmter Wasservorrat zur Verfügung stehen, so daß beim plötzlichen Versagen des Pumpwerkes, etwa durch eine Stromstörung, die Wasserversorgung der Verbraucher durch längere Zeit gesichert und in einem Brandfalle Löschwasser vorhanden ist.

Ein weiterer Vorteil liegt darin, daß man die Pumpen während der Nacht mit billigem Nachtstrom arbeiten lassen kann. Der große Nachteil dieser Pumpwerke ist der Hochbehälter, dessen Errichtung oft mit großen Kosten verbunden ist. Wo eine natürliche Bodenerhebung, in welche ein solcher Behälter eingebaut werden kann, nicht nahe genug ist, wird der Bau eines wärmeisolierten, frostsicheren Wasserturmes notwendig.

Die vom Pumpwerk zum Hochbehälter führende Steigleitung als auch die Fall- und Hauptverbraucherleitung sind so reichlich zu bemessen, daß der Rohrreibungswiderstand gering bleibt, damit einerseits die notwendige Pumpenförderhöhe aus wirtschaftlichen Gründen niedrig gehalten werden kann und anderseits Druckabfälle in den Hauptsträngen vermieden werden.

Es gibt zwei grundsätzliche Anordnungen von Pumpwerken mit Hochbehälter:

a) Anlagen mit gemeinsamer Steig- und Falleitung (s. Abb. 38),
b) Anlagen mit getrennter Steig- und Falleitung (Abb. 39).

Eine weitere Unterteilung der Bauarten kann erfolgen in

1. Anlagen mit einer elektrischen Steuerleitung zwischen Pumpwerk und Hochbehälter und

2. Anlagen ohne eine solche Steuerleitung.

Eine gemeinsame Steig- und Falleitung erspart oft viel an Rohrmaterial. Auch ergibt sich der Vorteil, daß die Pumpe unter Ausschaltung des Hochbehälters direkt in das Verbrauchernetz arbeiten kann. Bei manchen Pumpwerken ist es außerdem noch wünschenswert, eine Steuerleitung zwischen Pumpwerk und Hochbehälter zu ersparen, um die Anlage zu vereinfachen.

Ob bei einem Pumpwerk gemeinsame oder getrennte Steig- und Falleitung Anwendung finden soll und ob anderseits eine Steuerleitung zwischen Pumpwerk und Behälter notwendig ist oder erspart werden

Pumpwerke mit Hochbehälter. 41

kann, hängt von den bei der Planung gestellten Bedingungen und den örtlichen Verhältnissen ab. In der Praxis sind verschiedene Steuerarten gebräuchlich, die in der Folge beschrieben sind. In den elektrischen

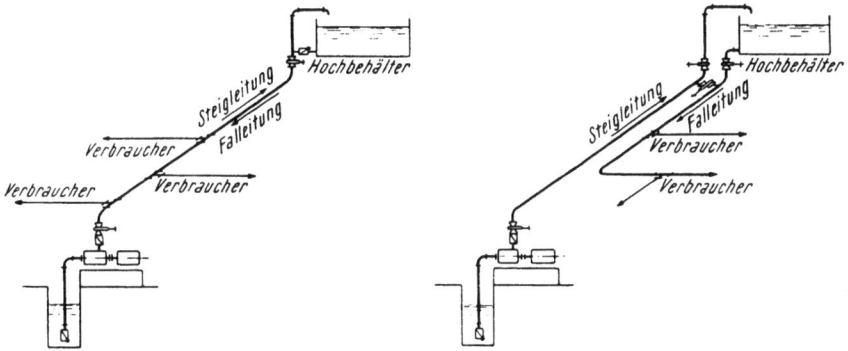

Abb. 38. Pumpwerk mit gemeinsamer Steig- und Falleitung.   Abb. 39. Pumpwerk mit getrennter Steig- und Falleitung.

Schaltbildern ist neben dem selbsttätigen Ein- und Ausschalten immer auch Handschaltung als Eingriff in die Automatik berücksichtigt.

Die Handschaltung. Die Ein- und Ausschaltung einer Pumpe von Hand aus wird bei Förderung in einen Hochbehälter äußerst selten und dann nur als Notbehelf angewendet. Sie soll daher im Rahmen dieser Zusammenstellung nicht näher beschrieben werden. Die hydraulischen Arbeitsverhältnisse sind gleich denen bei wasserstandsabhängiger Steuerung (s. Kap. X, C).

Handeinschaltung und liefermengenabhängige Ausschaltung wird ebenfalls nur sehr selten angewendet. Diese Steuerart ist ähnlich der in Kap. IX, A beschriebenen mit zeitabhängiger Einschaltung.

Handeinschaltung und kraftbedarfsabhängige Ausschaltung über ein Minimalstromrelais wird nicht angewendet. Die Ausschaltung mittels Minimalstromrelais nützt jene Eigenschaft einer Kreiselpumpe, daß diese bei äußerst kleiner Liefermenge etwa nur die halbe Wellenleistung vom antreibenden Elektromotor aufnimmt als beim Betrieb im Arbeitspunkt des besten Wirkungsgrades. Beim Rückgang der Stromaufnahme des Motors auf etwa 60% der Normalstromaufnahme spricht das Relais an und schaltet den Motor vom Netz ab. Die Drosselung der Pumpenliefermengen und damit die verringerte Wellenleistung der Pumpe wird mittels eines Schwimmerventiles am Wassereinlauf in den Behälter erreicht.

Diese und die vorerwähnte Steuerart werden manchmal als Schutzabschaltung für dauernd laufende Pumpen beim Schließen aller Auslaufhähne und beim Aufhören der Förderung mangels Förderflüssigkeit angewendet.

Zeitabhängige Ein- und zeitabhängige Ausschaltung einer Pumpe wird praktisch auch selten verwendet. Sie ist nur dort gerechtfertigt, wo täglich mit annähernd gleichen Verbrauchsmengen gerechnet werden kann.

A. Pumpwerk mit einer oder zwei gleichen Pumpen bei zeitabhängiger Ein- bzw. Zuschaltung und liefermengenabhängiger (indirekt wasserstandsabhängiger) Aus- bzw. Abschaltung.

Beschreibung. In den Abbildungen 40, 41 und 42 ist ein Pumpwerk mit zwei Pumpen dargestellt. Es seien deshalb zwei Pumpen als notwendig angenommen, weil die Ergiebigkeit eines Brunnens allein zur Deckung des Wasserbedarfes nicht ausreicht, so daß ein zweiter Brunnen mit einer zweiten Pumpe herangezogen werden muß.

In die Druckleitung jeder Pumpe wird eine Schalterklappe nach Abb. 26 eingebaut. Diese wird so eingestellt, daß sie ihre elektrischen Kontakte beim Durchfluß einer Menge, welche etwa 70 bis 80% der vollen Pumpenfördermenge beträgt, schließt. Bei geringerem Durchfluß sind die Kontakte offen. Am Einlauf der Druckleitung in den Hochbehälter ist ein Schwimmerventil angeordnet, das bei gefülltem Behälter schließt und nach Absinken des Wasserspiegels den Einlauf wieder öffnet. Für die zeitabhängige Einschaltung ist für jede Pumpe eine Schaltuhr mit einem Kurz- und einem Langkontakt (K und L) erforderlich. Der Kurzkontakt bleibt nach Schließung desselben mittels eines Einschaltreiters nur 30 bis 60 Sekunden geschlossen und öffnet dann wieder. Der Langkontakt wird vom gleichen Einschaltreiter geschlossen, öffnet aber erst durch die Einwirkung eines Ausschaltreiters.

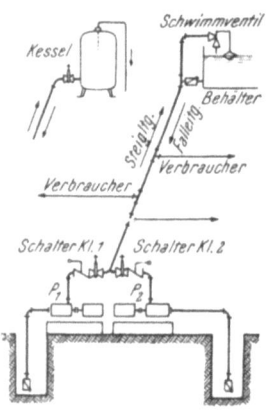

Abb. 40. Pumpwerk mit zeitabhängiger Ein- und liefermengenabhängiger Ausschaltung der Pumpen.

Arbeitsweise. Zu einer bestimmten Tageszeit, wegen des billigeren Nachtstromes gewöhnlich nachts, veranlaßt ein Einschaltreiter der einen Schaltuhr die Schließung des Kurz- und Langkontaktes derselben. Dadurch wird der Steuerstrom desjenigen Motoranlassers geschlossen, dessen zugehörige Pumpe automatisch gesteuert werden soll. (Automatik Pumpe 1 oder Pumpe 2.) Das Netzschütz zieht an und die Pumpe läuft mindestens 30 bis 60 Sekunden lang. Es kann angenommen werden, daß innerhalb dieser Zeit die in der Druckleitung befindlichen Wassermassen durch den Überdruck der Pumpe gegenüber dem statischen Gegendruck auch bei sehr langen Druckleitungen auf die volle Fließgeschwindigkeit beschleunigt werden. Wenn die Pumpe fördert, dann öffnet die Schalterklappe und schließt ihre elektrischen Kontakte, so daß nunmehr der Steuerstromkreis des Motoranlassers auch über den Langkontakt, Schalterklappe und Selbsthaltekontakt geschlossen ist, auch dann, wenn der Kurzkontakt inzwischen seine Kontakte wieder geöffnet hat.

Steigt der Wasserspiegel im Hochbehälter bis zur gewünschten Höchstlage an, dann drosselt das Schwimmerventil den Einlauf. Sinkt die Pumpenfördermenge auf 70 bis 80% der vollen Fördermenge ab,

Gleiche Pumpen, zeitabhängige Ein-, liefermengenabhängige Ausschaltung. 43

dann wird der Ausschlagwinkel der Klappe kleiner, der elektrische Kontakt öffnet sich, der Steuerstrom für den Motoranlasser wird unterbrochen, das Netzschütz fällt ab, die Pumpe wird ausgeschaltet. Sie läuft erst dann wieder an, wenn von einem Einschaltreiter ein neuerlicher Impuls gegeben wird. Die Pumpe kann aber auch vor Erreichen des gewünschten Hochwasserspiegels abgeschaltet werden, wenn durch einen entsprechend angeordneten Ausschaltreiter an der Schaltuhr der Langkontakt frühzeitig unterbrochen wird. Wird zeitabhängige Ausschaltung nicht gewünscht, dann ist der Langkontakt kurz zu schließen oder der Ausschaltreiter so einzustellen, daß vorher mit Sicherheit eine Abschaltung der Pumpe nur beim Hochwasserspiegel erreicht wird.

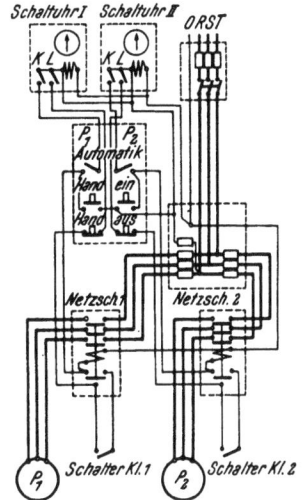

Abb. 41. Schaltbild des Pumpwerkes nach Kap. X, A. Schaltuhr mit Kurz- und Langkontakt.

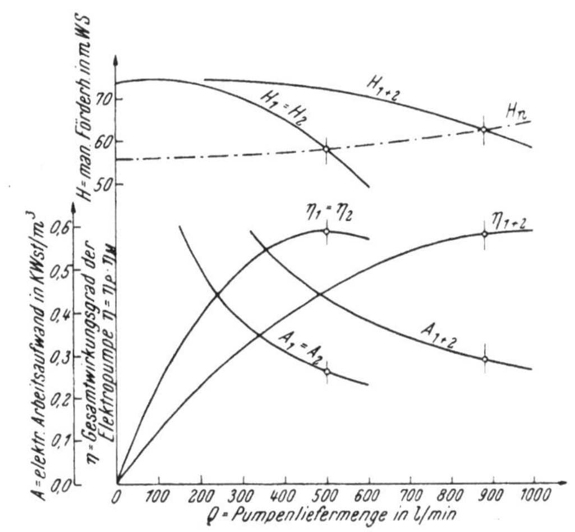

Abb. 42. Hydraulisches Arbeitsbild des Pumpwerkes nach Kap. X, A.

In Zeiten großen Wasserbedarfes oder geringerer Brunnenergiebigkeit kann die zweite vorgesehene Pumpe der ersten parallel zugeschaltet werden, so daß beide Pumpen von der gleichen Schaltuhr gleichzeitig ein- und durch das Schwimmerventil ausgeschaltet werden.

Ist im Zeitpunkt der zeitabhängigen Einschaltung der Pumpe der Hochbehälter gefüllt und daher das Schwimmerventil geschlossen oder in starker Drosselstellung, dann läuft die Pumpe nur solange, als der Kurzkontakt geschlossen bleibt, und zwar ohne Förderung oder mit so geringer Förderung entsprechend der Drosselung, daß die Schalterklappe nur ungenügend anhebt und daher ihre elektrischen Kontakte geöffnet bleiben.

Das Schwimmerventil soll vorteilhafterweise als Kurzhubschnellschlußventil ausgebildet sein, damit die Pumpe wegen der hiebei auftretenden größeren Stromkosten je Kubikmeter geförderten Wassers nicht zu lange gedrosselt laufen muß. Ein plötzliches Schließen muß aber wegen der Möglichkeit des Auftretens von Wasserschlägen vermieden werden.

Sollen die beiden Pumpen bei großem Wasserbedarf nicht gleichzeitig, sondern unabhängig voneinander zu verschiedenen Zeiten eingeschaltet werden, dann ist eine zweite Schaltuhr notwendig. Die Schaltzeiten der beiden Uhren können ganz den Gegebenheiten angepaßt werden (Stufenzeitschaltung).

Entsprechend einer statischen Förderhöhe von 56 m und bei Verwendung zweier Pumpen mit den eingezeichneten Kennlinien, einem Steigrohrwiderstand mit einem Verlauf nach Linie H_n wird eine Pumpe allein 500 l/min bei einem Wirkungsgrad von 0,59 und einem Arbeitsaufwand von 0,290 kWh/m³ fördern, beide Pumpen zusammen 880 l/min bei einem Wirkungsgrad von 0,58 und einem Arbeitsaufwand von 0,290 kWh/m³ geförderten Wassers.

Bei einem Pumpwerk mit getrennter Steig- und Falleitung arbeiten die Pumpen immer bei dem gleichen Gegendruck, bei gemeinsamer Steig- und Falleitung ist der Gegendruck innerhalb bestimmter Grenzen variabel. Beim Verbrauch Null ist er am größten, bei steigendem Verbrauch wird er geringer. Wird der Verbrauch größer als die Fördermenge der Pumpen, dann sinkt der Gegendruck sogar unter den statischen Gegendruck. Damit vergrößert sich die Pumpenliefermenge, die Stromkosten vermindern sich.

Im Schaltbild Abb. 41 sind Druckknopftaster eingezeichnet, welche zum Ein- und Ausschalten der Pumpen von Hand aus, zum Eingriff in die durch die Schaltuhr, die Schalterklappe und das Schwimmerventil gegebene Automatik dienen.

An Stelle eines offenen Hochbehälters kann bei kleinen Anlagen auch ein geschlossener Kessel verwendet werden. Das Schwimmerventil entfällt, an seine Stelle tritt eine schwache Überlaufleitung, welche bis zu einer bestimmten Tiefe in den Kessel ragen muß. Erreicht beim Füllen des Kessels der Wasserstand den unteren Rand des Überlaufrohres, dann wird die Luft im Kessel verdichtet und nur eine geringe Menge fließt über. Infolge der auftretenden Drosselung bei steigendem Gegendruck fällt die Schalterklappe zu, die Pumpe wird abgeschaltet.

Anwendung. Diese Steuerungsart kann bei Pumpanlagen mit getrennter oder gemeinsamer Steig- und Falleitung angewendet werden. Eine Steuerleitung zwischen Pumpwerk und Hochbehälter ist nicht erforderlich. Die elektrische und hydraulische Steuerung ist äußerst einfach, übersichtlich und betriebssicher. Die liefermengenabhängige Ausschaltung ist gleichzeitig eine Schutzabschaltung der Pumpe gegen Trockenlauf bei Wassermangel im Brunnen. Beim Einsaugen von Luft reißt die Förderung der Pumpe ab, die Schalterklappe fällt zu und unterbricht den Steuerstromkreis des Motoranlassers, die Pumpe wird abgeschaltet. Wird für eine selbsttätige Pumpenentlüftung gesorgt, dann ist die Pumpe beim Einschalten durch die Schaltuhr wieder betriebsbereit.

Eine Pumpe, zeitabhängige Ein-, druckabhängige Ausschaltung. 45

Die täglichen Einschaltzeiten sollen so gewählt werden, daß das Ausschalten in Zeiten geringsten Verbrauches fällt. Dann kann mit Sicherheit ein längerer gedrosselter Pumpenlauf vermieden werden. Diese Steuerart findet insbesondere bei kleineren Ortswasserversorgungen Anwendung, wenn der Hochbehälter weit vom Pumpwerk entfernt ist und eine lange Steuerleitung vermieden werden soll.

An Stelle der in Abb. 41 gezeichneten Sonderschaltuhr (Bauart Lechner) mit einem Kurzkontakt von 30 bis 60 Sekunden Schließdauer und einem Langkontakt, dessen Öffnungszeit durch einen eigenen Ausschaltreiter eingestellt wird, kann auch eine Schaltuhr mit Momentkontakt in Verbindung mit einem Zeitrelais verwendet werden. Die Schaltuhr gibt in diesem Falle nur einen Kontakt von etwa einer Sekunde Dauer. Dieser Impuls wird ausgenützt, um ein Zeitrelais zu erregen, dessen Kontakte dann 30 bis 60 Sekunden geschlossen halten. Außerdem ist beim Motorselbstanlasser ein Selbsthaltekontakt erforderlich, wie in Abb. 43 dargestellt, oder es ist ein Hilfsschütz mit Selbsthaltekontakt zu verwenden.

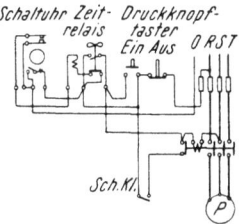

Abb. 43. Schaltbild mit Schaltuhr für Momentkontakt und Zeitrelais.

Es empfiehlt sich oft, den Schwimmer des Schwimmerventiles in ein Hilfsgefäß nach Abb. 50 einzubauen, damit zügiges Schließen erreicht wird, obwohl in diesem Falle eine absolute Dichtheit des Ventiles keineswegs erforderlich ist. In manchen Fällen, insbesondere bei langen Druckrohrleitungen, ist es, um Druckschläge beim Abstellen der Pumpe zu verhindern, angezeigt, das Schwimmerventil nicht allzu rasch schließen zu lassen. Will man die Zeit für das Schließen genau beherrschen, dann muß der obere Rand des Hilfsgefäßes etwas über den gewünschten Ausschaltwasserspiegel herausragen. Der Wassereinlauf in das Hilfsgefäß ist durch ein eigenes Einlaufrohr zu regulieren.

Statt der hier erwähnten Schalterklappe für die liefermengenabhängige Ausschaltung der Pumpe kann auch jedes andere mengenabhängige Schaltgerät verwendet werden.

B. Pumpwerk mit einer Pumpe bei zeitabhängiger Einschaltung und druckabhängiger (indirekt wasserstandsabhängiger) Ausschaltung.

Beschreibung: Diese Schaltungsart ist der vorbeschriebenen ähnlich, wird aber seltener angewendet als diese. Die druckabhängige Ausschaltung erfordert eine Pumpenkennlinie, die über den Betriebspunkt mit Sicherheit noch einige Meter ansteigt. Außerdem muß der druckabhängige Einschaltpunkt tiefer liegen als der Betriebspunkt, aber höher, als dem statischen Druck entspricht. Das heißt: diese Schaltung ist dann gut anwendbar, wenn der Rohrwiderstand so groß ist, daß beide Bedingungen erfüllt werden; außerdem muß der Druckschalter für kleine Druckdifferenzen geeignet sein.

Pumpwerke mit Hochbehälter.

An die Druckleitung der Pumpe (s. Abb. 44) wird über eine stark gedrosselte Verbindungsleitung ein kleiner Hilfswindkessel angeschlossen, mit dem der Druckschalter oder das Kontaktmanometer verbunden wird. Am Einlauf in den Hochbehälter ist ein Schwimmerventil angeordnet. Schaltuhr und Schütz mit Selbsthaltekontakt werden nach Schaltbild Abb. 45 angeordnet. An Stelle der Schalterklappe tritt der Druckschalter und an Stelle der in Abb. 41 gezeichneten Sonderschaltuhr wird eine solche mit Moment- (Impuls-) Kontakt verwendet. Hydraulisches Arbeitsbild Abb. 51.

Arbeitsweise: Gibt die Schaltuhr zu einer bestimmten Tageszeit einen kurzen Impuls, dann zieht das Schütz des Motoranlassers an. Der Druckschalter ist im Zeitpunkt des Schaltimpulses eingeschaltet, weil bei Still-

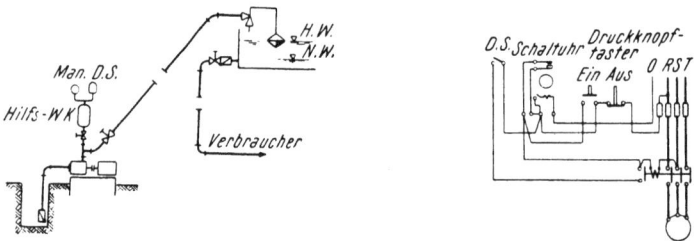

Abb. 44. Pumpwerk mit zeitabhängiger Ein- und druckabhängiger Ausschaltung der Pumpe.

Abb. 45. Schaltbild des Pumpwerkes nach Kap. X, B.

stand der Pumpe der statische Druck herrscht und der Einschaltdruck des Druckschalters oder Kontaktmanometers höher liegt als dieser. Die Pumpe läuft an, das Schütz bleibt angezogen, weil der Hilfsstromkreis über den Druckschalter und den Selbsthaltekontakt geschlossen ist. Nach dem Einschalten der Pumpe steigt der Druck in der Leitung vorerst auf den möglichen Höchstwert an. Der gegenüber dem statischen Druck auftretende Überdruck beschleunigt die Druckwassersäule von Null auf die volle Fließgeschwindigkeit. Dieser von Null aus langsam ansteigenden Liefermenge entsprechen nach der Pumpenkennlinie vorerst Drücke, welche höher sind als der Fließdruck bei voller Förderung. Damit der Druckschalter nicht sofort nach dem Einschalten der Pumpe infolge der Drucksteigerung wieder ausschaltet, ist der erwähnte Hilfskessel mit gedrosselter Verbindung erforderlich. Es wird hiebei auf hydraulischem Wege eine Verzögerung des Druckanstieges erreicht, so daß im Kessel der Ausschaltdruck des Druckschalters nicht erreicht wird, wenn inzwischen der volle Förderstrom der Pumpe eintritt und damit der Druck in der Leitung auf den normalen Förderdruck (Betriebspunkt der Pumpe) absinkt.

Ist der Hochbehälter gefüllt, dann drosselt das Schwimmerventil den Einlauf oder schließt ihn vollständig. Der Druck in der Leitung steigt und damit auch verzögert der Druck im Windkessel, bis schließlich der Ausschaltdruck erreicht wird. Die Spule des Schützes wird spannungslos und der Pumpenmotor ausgeschaltet. Der Druck in der Förderleitung sinkt auf den statischen Druck ab und der Druckschalter schließt seine Kontakte, die automatische Einschaltung durch die Schaltuhr ist vorbereitet.

C. Pumpwerk mit einer oder mehreren gleichen Pumpen bei wasserstandsabhängiger Ein- und Ausschaltung bzw. Zu- und Abschaltung (Stufen-Wasserstandsschaltung).

Beschreibung: Diese im allgemeinen als Schwimmerschaltung bekannte Pumpwerksart ist sehr einfach im Aufbau, übersichtlich und betriebssicher in der Arbeitsweise. Die Ein- und Ausschaltung bewirkt der sinkende bzw. steigende Wasserspiegel im Hochbehälter direkt. Im Hochbehälter ist entweder eine Schwimmerschaltungsanlage nach Abb. 2 oder 3, eine Aegir-Anlage nach Abb. 4 oder eine Maelger-Tauchglocke nach Abb. 6 eingebaut. Für jede Betriebspumpe ist ein Kontaktgeber erforderlich. In den Abbildungen ist ein Pumpwerk mit zwei gleichen Pumpen dargestellt, in den Abb. 46 und 47 ein solches mit Schwimmerschaltern

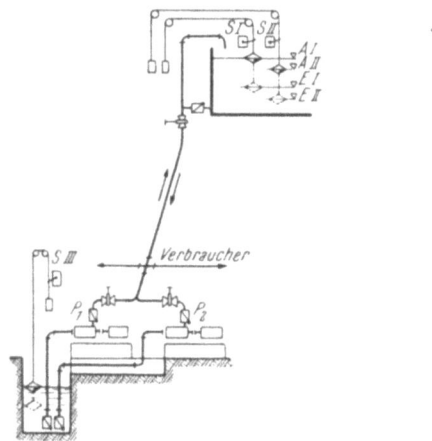 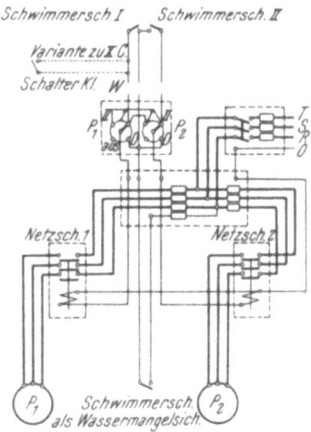

Abb. 46. Pumpwerk mit zwei Pumpen in Stufen-Wasserstandsschaltung.

Abb. 47. Schaltbild des Pumpwerkes mit Schwimmerschaltern.

nach Abb. 2 sowohl für die Steuerung der Pumpen als auch als Wassermangelsicherung. Abb. 48 stellt den elektrischen Schaltplan eines gleichen Pumpwerkes mit elektrischer Aegir-Schaltung dar. Hydraulisches Arbeitsbild Abb. 42.

Die Steuergeräte im Hochbehälter sind bei einem Pumpwerk mit mehreren Pumpen so anzuordnen, daß eine stufenweise Ein- bzw. Ausschaltung erfolgt, so daß die Zuschaltung der zweiten Pumpe bei einem etwas niederen Wasserspiegel erfolgt als die Einschaltung der ersten Pumpe. Sinngemäß umgekehrt soll die Abschaltung erfolgen.

Arbeitsweise. Sinkt der Wasserspiegel im Behälter infolge einer Wasserentnahme ab und erreicht er die in Abb. 46 mit E_I gezeichnete Lage, dann schließt der Schwimmerschalter S_I seine Kontakte. Dadurch wird, falls im Brunnen genügend Wasser vorhanden und der als Wassermangelsicherung dienende Schwimmerschalter S_{III} seine Kontakte geschlossen hält, der Steuerstromkreis für den Motoranlasser geschlossen, das Schütz für die erste Pumpe zieht an, *Pumpe 1* wird in Betrieb gesetzt. Ist der Verbrauch kleiner als die Liefermenge einer Pumpe, dann steigt der Wasserspiegel im Behälter und der Schwimmerschalter S_I öffnet bei Erreichen des Wasserstandes A_I seine Kontakte, die Pumpe wird ausgeschaltet. Ist hingegen der Verbrauch größer als die Liefermenge einer Pumpe, dann sinkt der Wasserspiegel weiter ab, bis schließlich beim Stand E_{II} der zweite Schwimmerschalter S_{II} seine Kontakte schließt und die zweite Pumpe der ersten zugeschaltet wird. Ist der Verbrauch kleiner als die Summenliefermenge beider Pumpen, dann steigt der Wasserspiegel im Behälter, bis beim Stand A_{II} der Schwimmerschalter S_{II} die zweite Pumpe wieder abschaltet. Die erste Pumpe P_1 läuft aber weiter, bis schließlich die zweite Pumpe P_2 zugeschaltet wird. Steigt der Verbrauch über die Summenliefermenge beider Pumpen, dann erst wird die eigentliche Speichermenge des Behälters in Anspruch genommen, wobei beide Pumpen weiterlaufen.

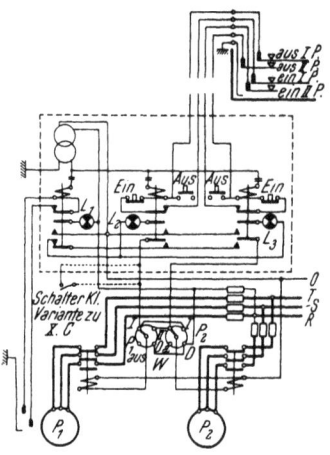

Abb. 48. Schaltbild des Pumpwerkes mit Elektrodensteuerung von Aegir.

Die Höhenlage der beiden Einschaltwasserspiegel E_I und E_{II} und ihr Unterschied sind unter Bedachtnahme auf die größte auftretende Verbrauchsmenge und deren voraussichtliche Dauer sowie eine bestimmte für Löschzwecke notwendige Reserve festzulegen. Die Größe des Behälters richtet sich nach der gewünschten Speichermenge und Reserve sowie der Liefermenge der Pumpen bzw. der Ergiebigkeit des Brunnens in Verbindung mit dem normalen Tagesverbrauch.

Ist die Ergiebigkeit des Brunnens derart, daß diese sogar annähernd den Spitzenverbrauch deckt und eine größere Wasserreserve nicht erforderlich ist, dann kann der Behälter verhältnismäßig klein bemessen werden, so daß er nur als Ausgleichsbehälter dient.

In Abb. 47 sind außer den Wahlschaltern, wie solche auch in Abb. 48 gezeichnet sind, welche das wahlweise Vertauschen der Einschaltreihenfolge der beiden Pumpen, ihre gänzliche Ausschaltung und Dauerlauf ermöglichen, noch Druckknopftaster zum Eingriff in die Automatik von Hand aus vorgesehen. Zwei Signallampen zeigen das Bestehen eines von den Steuergeräten oder den Eindruckknopftastern ausgehenden Laufbefehls der Pumpen an, während die dritte Lampe bei Wassermangel im Brunnen aufleuchtet.

Verschiedene Pumpen, wasserstandsabhängige Ein- und Ausschaltung. 49

Anwendung. Diese Steuerart kann bei Pumpwerken mit gemeinsamer oder getrennter Steig- und Falleitung verwendet werden. Steuerleitungen zwischen Pumpwerk und Hochbehälter sind aber unbedingt erforderlich. Solche Pumpwerke werden hauptsächlich dort verwendet, wo eine größere Wasserreserve erwünscht ist, wo die Brunnenergiebigkeit geringer als die auftretende Spitzenverbrauchsmenge ist. Sie werden als Kleinanlagen zur Hauswasserversorgung insbesondere von Bauerngehöften mit nur einer Pumpe, aber auch als Großpumpwerke mit zwei oder drei Pumpen für industrielle oder städtische Wasserversorgung gebaut.

D. Pumpwerk mit zwei verschiedenen Pumpen bei wasserstandsabhängiger Ein- und Ausschaltung bzw. Um- und Rückschaltung.

Beschreibung. Dieses Pumpwerk gleicht dem vorbeschriebenen, nur werden zwei sowohl in der Liefermenge als auch in der Förderhöhe verschiedene Pumpen verwendet. In die Druckleitung der größeren Pumpe wird ein liefermengenabhängiges Steuergerät, am besten eine Schalterklappe, eingebaut, deren Kontakte bei Stillstand der Pumpe geschlossen sind, sich aber bei Förderung öffnen.

Arbeitsweise. Sinkt bei gefülltem Hochbehälter infolge Wasserentnahme der Wasserspiegel auf den Einschaltwasserstand der ersten Pumpe ab, dann wird diese, die kleinere Pumpe, eingeschaltet. Ist der Verbrauch kleiner als die Pumpenfördermenge, dann steigt der Wasserspiegel, bis die Pumpe wieder ausgeschaltet wird. Ist der Verbrauch aber größer, dann sinkt der Wasserspiegel im Behälter weiter ab, so daß bei Erreichen des Einschaltwasserstandes der zweiten Pumpe diese, die größere Pumpe, anläuft. Wenn sie fördert, dann hebt die Schalterklappe an, trennt ihre elektrischen Kontakte, wodurch der Steuerstromkreis der ersten Pumpe

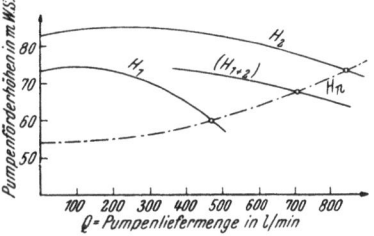

Abb. 49. Hydraulisches Arbeitsbild des Pumpwerkes nach Kap. X, D.

unterbrochen wird. Die erste Pumpe wird ausgeschaltet. Die Schalterklappe bewirkt also das Umschalten von der kleinen Pumpe auf die größere, gesteuert indirekt durch den Wasserstand im Behälter über den wasserstandsabhängigen Steuerschalter. An Stelle der Umschaltung mittels Schalterklappe kann auch eine solche mittels Relais, ähnlich Variante b in Abb. 88, verwendet werden.

Steigt der Wasserspiegel im Behälter, so daß schließlich der Ausschaltwasserstand der größeren Pumpe erreicht wird, dann wird diese abgeschaltet, die Förderung setzt aus, die Schalterklappe fällt zu und schließt ihre elektrischen Kontakte. Dadurch wird der Steuerstromkreis für den Motoranlasser der kleinen Pumpe wieder geschlossen, die kleine Pumpe läuft an. Steigt der Wasserspiegel weiter, dann schaltet der zweite wasserstandsabhängige Steuerschalter schließlich die Pumpe aus. Die

Schalterklappe bewirkt auch das Rückschalten von der größeren auf die kleinere Pumpe, gesteuert in Abhängigkeit vom Wasserstand.

Entsprechend Abb. 49 fördert die kleine Pumpe etwa 470 l/min bei einer manometrischen Förderhöhe von 60 m, die größere etwa 840 l/min bei einer Förderhöhe von 72,5 m. Würden zwei kleine Pumpen gleichzeitig fördern, dann könnten sie zusammen nur 710 l/min bei 67,5 m liefern.

Anwendung. Diese Steuerart wird dann verwendet, wenn der Widerstand der Steigleitung verhältnismäßig groß ist und der Hochbehälter zu klein. Das trifft im allgemeinen nur dann zu, wenn ein Pumpwerk mit nur einer Pumpe zu klein wird, den Anforderungen nicht mehr entspricht und aus diesem Grunde eine Erweiterung notwendig wird. Bei der Neuplanung eines Pumpwerkes macht man von dieser Steuerart nur selten Gebrauch, es wäre denn, der Hochbehälter könnte nur klein gehalten werden, so daß er nur als Ausgleichsbehälter dienen soll. Sie kann sowohl bei Pumpwerken mit getrennter als auch mit gemeinsamer Steig- und Falleitung verwendet werden.

E. Pumpwerk mit einer Pumpe bei druckabhängiger (indirekt wasserstandsabhängiger) Ein- und Ausschaltung.

Beschreibung. An die Druckleitung der Pumpe ist mittels einer Stichleitung (s. Abb. 50) ein Druckwindkessel angeschlossen. In diese Stichleitung ist ein Rückschlagventil derart eingebaut, daß es den Einlauf sperrt, den Ablauf aus dem Kessel aber ungehindert freigibt. Eine schwache Umführungsleitung oder eine Bohrung in der Klappe oder im Ventilteller läßt ein langsames Füllen des Kessels zu. An den Kessel wird ein Druckschalter, wegen richtiger Beherrschung der meist gering erforderlichen Druckunterschiede besser ein Kontaktmanometer angeschlossen. Die Pumpe wird bei einem bestimmten Mindestdruck im Kessel ein- und bei Erreichen eines vorgesehenen Höchstdruckes wieder ausgeschaltet (s. Kap. XI, A).

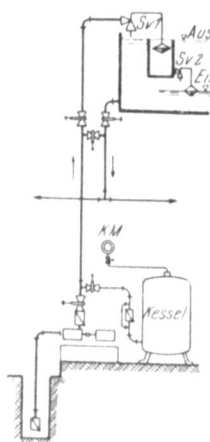

Abb. 50. Pumpwerk mit Hochbehälter und druckabhängiger Ein- und Ausschaltung der Pumpe.

Am Einlauf der Steigleitung in den Hochbehälter ist ein Schwimmerventil $Sv\ 1$ angeordnet, das rasch schließen und auch wieder rasch öffnen und dann vollkommen dicht halten muß. Man verwendet zu diesem Zwecke Schwimmerventile mit einem Kippmechanismus oder ein Hilfsgefäß. Insbesondere dann, wenn größere Schaltspiegelabstände zwischen Ein- und Ausschaltwasserstand erreicht werden sollen, ist das Hilfsgefäß erforderlich. Ein solches, nach oben offen, wird derart in den Hochbehälter eingesetzt, daß der Schwimmer des Ventiles mit seinem Gestänge in diesem auf und abwärts gehen kann. Sein Querschnitt ist möglichst

Eine Pumpe, druckabhängige Ein- und Ausschaltung. 51

klein zu halten. Im Boden des Gefäßes ist ein kleines Schwimmerventil $Sv\,2$ vorzusehen, dessen Schwimmer vom Wasser des Behälters gehoben oder gesenkt wird.

Arbeitsweise. Das hydraulische Arbeitsbild Abb. 51 zeigt ein Pumpwerk für eine Liefermenge von 500 l/min bei einer senkrechten (geodätischen) Förderhöhe von 50 m und einem Steigleitungswiderstand entsprechend Linie H_n. Der Einschaltdruck des Kontaktmanometers KM wird auf 54 m WS, bezogen auf den Ansaugwasserspiegel, eingestellt, der Aus-

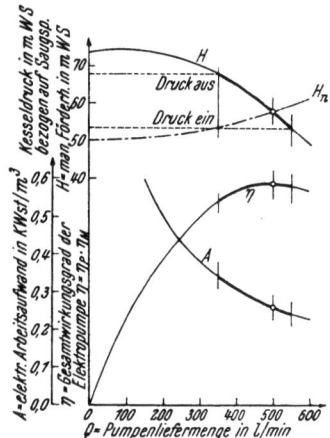
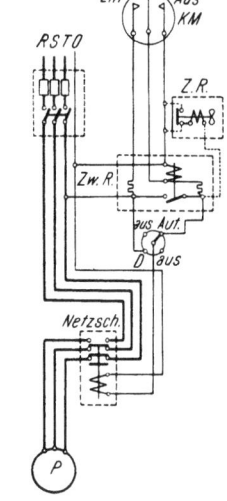

Abb. 51. Hydraulisches Arbeitsbild des Pumpwerkes nach Kap. X, E.

Abb. 52. Elektrisches Schaltbild des Pumpwerkes nach Kap. X, E.

schaltdruck auf 68 m WS. Die tatsächlichen Kesseldrücke während des Betriebes liegen um einen Wert niedriger, der sich aus der Saughöhe plus Saugleitungswiderstand ergibt.

Wenn die Pumpe fördert, dann fließt das Wasser durch das Schwimmerventil $Sv\,1$ in den Behälter. Es erreicht den Schwimmer des Ventils $Sv\,2$, hebt diesen an, so daß der Einlauf in das Hilfsgerät von unten her gesperrt wird. Das Wasser steigt im Behälter weiter, es erreicht schließlich den oberen Rand des Hilfsgefäßes, fließt in dieses von oben her ein und füllt es sehr rasch. Der Schwimmer des Ventils $Sv\,1$ wird schnell gehoben und das Ventil zügig mit vollem Auftriebsdruck des Schwimmers geschlossen.

Nun steigt der Druck in der Steigleitung an, der Windkessel füllt sich langsam durch die Umführungsleitung des Rückschlagventils in der zum Kessel führenden Stichleitung, bis der Ausschaltdruck erreicht wird. Die Schützenspule des Zwischenrelais (s. Abb. 52) wird durch den beweglichen Zeigerkontakt des Kontaktmanometers kurzgeschlossen. Dadurch fällt das Schütz ab und unterbricht den Steuerstromkreis des Motoranlassers, die Pumpe wird ausgeschaltet.

4*

Wird Wasser aus dem Hochbehälter entnommen, dann sinkt der Wasserspiegel, bis das Schwimmerventil $Sv\,2$ öffnet und den Ausfluß aus dem Hilfsgefäß freigibt. Das Wasser fließt rasch aus und das Schwimmerventil $Sv\,1$ wird zügig geöffnet.

Zur Beschleunigung der Wassermasse in der Steigleitung steht anfangs ein Druck zur Verfügung, der gleich ist dem Unterschied zwischen dem Ausschaltdruck und der statischen Druckhöhe. Dieser Beschleunigungsdruck nimmt aber rasch ab, einerseits wegen des sinkenden Kesseldruckes, anderseits infolge Ansteigens des Gegendruckes wegen der wachsenden Rohrreibung. Es ist wahrscheinlich, daß bei langen Steigleitungen und bei Verwendung kleiner Kessel — solche sind erwünscht — im Zeitpunkt, in welchem im Kessel der Einschaltdruck erreicht wird, die Wassermassen in der Steigleitung noch nicht auf die volle Fließgeschwindigkeit der geplanten Pumpenliefermenge, im Beispielsfalle von 500 l/min, beschleunigt wurden. Wenn nun die Pumpe, gesteuert durch das Kontaktmanometer, eingeschaltet wird, dann steigt der Druck in der Leitung auf ein Höchstmaß an, das nach der Drosselkurve der Pumpe bei der gerade auftretenden Fließmenge entspricht. Damit dieser hohe Druck zur weiteren Beschleunigung der Wassermasse erhalten bleibt, muß der Einlauf in den Kessel stark gedrosselt werden, was durch das geschlossene Rückschlagventil mit der schwachen Umführungsleitung erreicht wird. Der gedrosselte Einlauf in den Windkessel verhindert aber auch ein zu rasches Ansteigen des Druckes im Kessel, was mitunter das druckabhängige Ausschalten der Pumpe zur Folge haben könnte, bevor noch die Wassersäule in der Steigleitung auf die volle Fließgeschwindigkeit beschleunigt worden ist. Das hätte ein mehrmaliges Ein- und Ausschalten zur weiteren Folge. Diese Verzögerung des Druckanstieges im Windkessel ist, wie gezeigt, aus zweierlei Gründen erforderlich.

An Stelle der hydraulischen Verzögerung des Druckanstieges im Kessel mittels Rückschlagventils und schwacher Umführungsleitung kann auch eine elektrische, zeitlich begrenzte Unterbindung der Ausschaltung mittels eines Zeitrelais gewählt werden, was in Abb. 52 als Variante eingezeichnet ist. Beim Einschaltdruck schließt der bewegliche Zeigerkontakt des Manometers die Spule des Zwischenrelais an das Netz, der Selbsthaltekontakt wird geschlossen und es erhält die Spule des Motoranlassers Steuerspannung, der Pumpenmotor läuft an. Gleichzeitig wird aber über den Selbsthaltekontakt die Spule des Zeitrelais erregt. Dieses schließt aber die Kontakte verzögert erst nach einer bestimmten Zeit, innerhalb welcher die Pumpe sicher auf volle Förderung angelaufen ist. Dadurch wird der Ausschaltimpuls des Kontaktmanometers, der knapp nach dem Einschalten der Pumpe auftreten könnte, wirkungslos. Bei voller Förderung sinkt aber der Druck im Windkessel auf jenen Wert ab, der dem notwendigen Pumpendruck entspricht (Schnitt der Drosselkurve H mit der Linie für die notwendigen Förderhöhen H_n).

Selbstverständlich muß der Einschaltdruck stets höher sein als der statische Gegendruck.

An Stelle des Kontaktmanometers kann auch, wenn dies die Steilheit der Pumpendrosselkennlinie zuläßt oder ein Druckschalter mit der erforderlichen geringen Druckdifferenz zur Verfügung steht, ein solcher verwendet werden.

Anwendung. Diese Schaltungsart wird sehr selten angewendet. Sie ist hier nur des Interesses halber ausführlicher beschrieben. Sie ist eine Möglichkeit für eine Pumpanlage mit Hochbehälter ohne Steuerleitung. Zum Unterschied von der zeitabhängigen Einschaltung läuft in diesem Falle die Pumpe bei Erreichen des gewünschten Niederwasserspiegels im Hochbehälter, also nur in Abhängigkeit vom Wasserstand, in der Wirkung gleich der Schwimmerschaltung, an. Ihr Nachteil ist die Notwendigkeit eines wenn auch nur kleinen Windkessels mit der erforderlichen Belüftungseinrichtung. Ein weiterer Nachteil ist der, daß diese Schaltart nur bei Anlagen mit getrennter Steig- und Falleitung anwendbar ist. Außerdem muß das Schwimmerventil *Sv 1* gut dichten, sonst würde die Pumpe öfters unnütz anspringen.

F. Sonderfälle.

a) Stufenweise Förderung zweier Pumpen in einen Hochbehälter.

Beschreibung und Arbeitsweise. Das Pumpwerk (s. Abb. 53) besteht aus zwei Teilen, dem Vorpumpwerk und dem Hauptpumpwerk. Eine Vorpumpe fördert das Wasser aus dem Brunnen in einen Zwischenbehälter, oft Tiefbehälter genannt. Aus diesem Tiefbehälter fördert eine zweite Pumpe das Wasser weiter in den Hochbehälter. Jeder Teil des Pumpwerkes kann nach einer der drei unter A, B und C geschilderten Arten gesteuert werden. Demgemäß gelten für jeden Teil auch die entsprechenden Schaltpläne nach den Abb. 41, 47, 48 oder 52. Im allgemeinen wird die wasserstandsabhängige Ein- und Ausschaltung für beide Pumpwerksteile angewendet. Der Einfachheit halber ist in Abb. 53 sowohl für das Vor- wie für das Hauptpumpwerk nur die Betriebspumpe dargestellt und die Reservepumpe weggelassen. Es sei aber nochmals darauf hingewiesen, daß die Aufstellung von Reservepumpen immer zu empfehlen ist, wenigstens bei solchen Anlagen, bei denen die Wasserversorgung keine Störung erleiden darf.

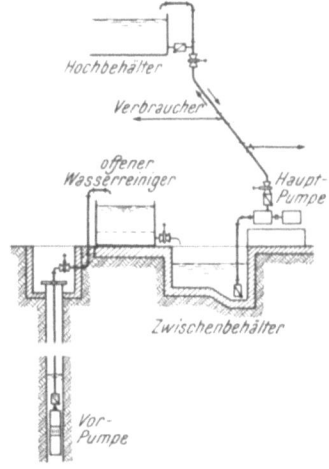

Abb. 53. Stufenförderung zweier Pumpen.

Anwendung. Die stufenweise Förderung wird dort angewendet, wo das Brunnenwasser vor seiner Verwendung erst gereinigt werden muß (Enteisenung, Entmanganung, Entsäuerung, Enthärtung) und die Reinigung in einer offenen Reinigungsanlage durchgeführt wird, wie in Abb. 53

dargestellt. Sie wird aber auch dann verwendet, wenn die notwendige Gesamtförderhöhe vom Brunnenspiegel bis zum Hochbehälter von einer einzigen Pumpe nicht bezwungen werden kann. Das ist dann möglich, wenn das Wasser aus einem tiefen Brunnen mit nur geringer Ergiebigkeit gehoben werden muß. Pumpen für kleine Liefermengen haben Laufräder mit geringem Durchmesser und damit für kleine Förderhöhen. Es ergeben sich demgemäß für große Förderhöhen Pumpen mit sehr hohen Stufenzahlen. Diese Stufenzahl ist aber aus konstruktiven Gründen begrenzt, so daß für besonders große Förderhöhen die Gesamtförderhöhe auf zwei Pumpen aufgeteilt werden muß.

Stufenweise Förderung dient auch dazu, um bei der Wasserversorgung von Ortschaften mit größeren Höhenunterschieden mehrere Druckstufen zu schaffen, damit in den nieder gelegenen Teilen nicht unzulässig hohe Drücke auftreten. (S. Kap. „Druckverstärkungsanlagen".)

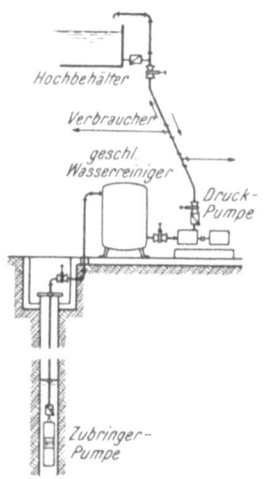

Abb. 54. Hintereinanderförderung zweier Pumpen.

b) Hintereinanderförderung zweier Pumpen in einen Hochbehälter.

Arbeitsweise und Beschreibung. Eine Zubringerpumpe fördert das Wasser vom Brunnen ohne Verwendung eines Zwischenbehälters direkt in eine zweite Pumpe, die Druckpumpe, welche es in den Hochbehälter weiterdrückt. (S. Abb. 54.) Beide Pumpen arbeiten hydraulisch in Reihe, ihre Förderhöhen summieren sich zu der notwendigen Gesamtförderhöhe. Die Zubringerpumpe kann nur so viel fördern, als die Druckpumpe weiterfördert, und die Druckpumpe kann nur so viel weiterfördern, als die Zubringerpumpe liefert. Beide Pumpen fördern die gleiche Menge, unabhängig davon, ob die Lauf- und Leiträder der beiden Pumpen einander völlig gleich sind.

Die Kennlinie für die Summenförderhöhen beider Pumpen H_{1+2} ergibt sich durch Summieren der Einzelförderhöhen bei gleicher Liefermenge. Die Summenlinie für den Wirkungsgrad kann nicht direkt gefunden werden. Es summieren sich die Einzelwerte für den Kraftbedarf bzw. für die elektrische Leistungsaufnahme der beiden Pumpen bei gleicher Liefermenge. Aus diesen Summenwerten müssen die Werte für den Wirkungsgrad für jede Liefermenge rechnerisch ermittelt werden. Die Einzelwerte für den Summenwirkungsgrad liegen immer zwischen den Einzelwerten der beiden Pumpenwirkungsgrade (s. Abb. 55).

Der Arbeitspunkt ergibt sich als Schnittpunkt der Summenförderhöhe mit der Linie für die notwendige Pumpenförderhöhe. Diese setzt sich zusammen aus der gesamten geodätischen Förderhöhe H_g, dem Reibungswiderstand der ganzen Rohrleitung vom Brunnen bis zum

Sonderfälle. 55

Hochbehälter einschließlich aller Armaturen und dem Absenkwert des Brunnenwasserspiegels.

Die Zubringerpumpe soll möglichst immer so bemessen werden, daß das Wasser der Druckpumpe mit Druck zufließt. Dann kann diese

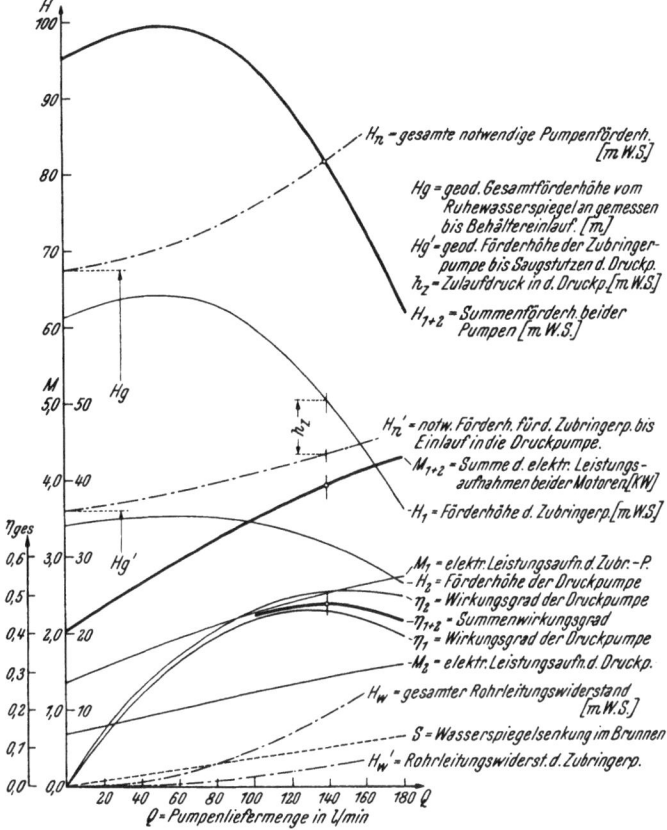

Abb. 55. Hydraulisches Arbeitsbild bei Hintereinanderförderung zweier Pumpen.

bei der ersten Inbetriebsetzung mittels der Zubringerpumpe aufgefüllt werden und es entstehen in der Zwischenleitung keine Saugspannungen. Die Größe des Zulaufdruckes h_z am Saugstutzen der Druckpumpe ergibt sich als Unterschied zwischen der manometrischen Förderhöhe der Zubringerpumpe bei der sich einstellenden Fördermenge Q und der nur bis zum Einlauf in die Druckpumpe notwendigen Förderhöhe H_n.

Wichtig ist, daß immer nur beide Pumpen gleichzeitig laufen dürfen, weil beim Stillstand einer die zweite allein nicht fördert, weil sie die ganze Förderhöhe nicht überwinden kann, da ihre Förderhöhe zu gering ist. Um ein Leerlaufen einer Pumpe beim Stillstand oder beim Versagen der zweiten zu verhindern, sind entsprechende Schutzmaßnahmen zu treffen. Beide Pumpen müssen elektrisch so gegeneinander verriegelt werden, daß beim Ausfall oder beim Ausschalten einer Pumpe zwangläufig die andere ausgeschaltet wird, auch dann, wenn das Ausschalten durch das Ansprechen des Motorschutzes eines Pumpenmotors erfolgen sollte.

Abb. 56 zeigt den elektrischen Schaltplan für Ein- und Ausschalten von Hand aus mittels Druckknopftasters. Hier ist bei den Motoranlaßschützen auch der Motorschutzschalter eingezeichnet. Der neben jedem Schütz gezeichnete Schalter ist ein gewöhnlich in jedem Netzschütz untergebrachter Aus-Schalter. Als Sicherheit gegen Trockenlauf ist ein Schwimmerschalter angenommen, jedoch kann selbstverständlich eine Aegir-Schutzabschaltung oder eine pneumatische Maelger-Einrichtung verwendet werden. Beim kurzzeitigen Druck auf den „Ein"-Druckknopftaster werden zuerst beide Schütze direkt an Spannung gelegt. Sie ziehen gleichzeitig an und schalten die Pumpenmotoren ein. Der Selbsthaltekontakt jedes Schützes verhindert das Abfallen nach dem Loslassen des Ein-Druckknopfes. Die beiden Selbsthaltekontakte liegen in Serie in der Steuerleitung, so daß beim Abfallen eines Schützes dadurch auch die Steuerleitung zum zweiten unterbrochen wird.

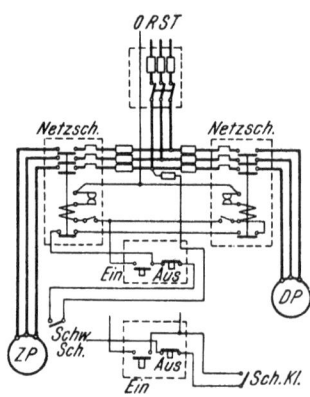

Abb. 56. Schaltbild des Pumpwerkes für Handschaltung und Trockenlaufschutz.

Als Trockenlaufsicherung kann auch eine Schalterklappe verwendet werden, welche an beliebiger Stelle vor oder nach der Druckpumpe in die Leitung eingebaut werden kann. Die hiefür gültige Änderung des Schaltplanes ist in Abb. 56 unten eingezeichnet. In diesem Falle muß der „Ein"-Druckknopf solange gedrückt werden, bis die Pumpen fördern, d. h. bis die Wassersäule in der ganzen Leitung so weit beschleunigt ist, daß die Schalterklappe anhebt und ihre Kontakte schließt. Beim Aufhören der Förderung durch Lufteintritt in die Zubringerpumpe fällt die Klappe zu und unterbricht den Steuerstromkreis beider Anlaßschütze, so daß beide Pumpen abgeschaltet werden.

Bei der erstmaligen Inbetriebnahme der Anlage ist zunächst die Druckpumpe mittels des neben ihrem Schütz gezeichneten Schalters auszuschalten und die erste Pumpe durch andauernden Druck auf den „Ein"-Druckknopf solange in Betrieb zu halten, bis die zweite Pumpe aufgefüllt ist.

Abb. 57 zeigt den elektrischen Schaltplan für automatische Ein- und Ausschaltung der Pumpen in Abhängigkeit vom Wasserstand im Hochbehälter mittels Schwimmerschalters unter Verwendung eines zweiten Schwimmerschalters im Brunnen als Sicherung gegen Trockenlauf.

Sonderfälle. 57

An Stelle des „Ein"-Druckknopfes bei Handschaltung nach Abb. 56, durch den die Anlaßschütze direkt an Spannung gelegt werden, tritt bei automatischer Schaltung ein Zeitrelais mit verzögerter Kontaktöffnung nach Spulenerregung. Es können hiefür elektromagnetische Relais mit Laufwerk, thermische Relais oder Gasrelais verwendet werden, notfalls mit Hilfsschütz, wenn das Relais selbst die Anzugsleistung der Motoranlaßschütze nicht übertragen kann. Wird durch den Schwimmerschalter im Hochbehälter ein Einschaltkommando gegeben, dann erhalten die beiden Schützenspulen zuerst direkt über den noch geschlossenen Kontakt des Zeitrelais Spannung und nach dem Anheben der Schütze über die beiden in Serie liegenden Selbsthaltekontakte. Die Pumpen

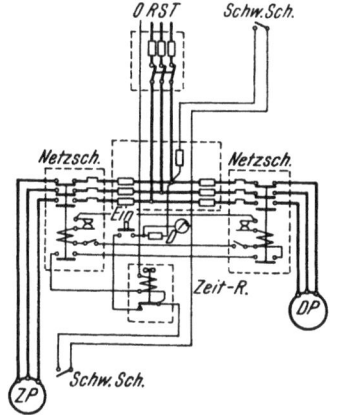
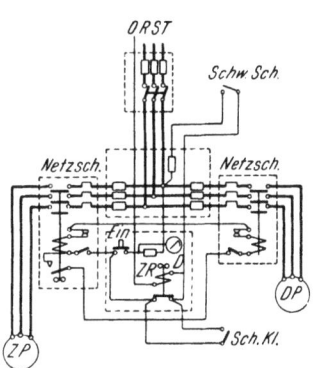

Abb. 57. Schaltbild des Pumpwerkes für Schwimmerschaltung und Trockenlaufschutz mittels Schwimmerschalters.

Abb. 58. Schaltbild für Schwimmerschaltung und Trockenlaufschutz mittels Schalterklappe.

laufen an. Gleichzeitig mit dem Einschaltkommando des Schwimmerschalters wird die Spule des Zeitrelais erregt, der Kontakt desselben wird aber nach kurzer Zeit getrennt und bleibt, weil das Relais weiter erregt bleibt, solange geöffnet, bis der Schwimmerschalter das Ausschaltkommando gibt, den Steuerstromkreis unterbricht und dadurch die Pumpen ausgeschaltet werden.

Ein einpoliger Drehschalter dient zum Einschalten der Pumpen von Hand aus, unabhängig von den Wasserständen im Hochbehälter und im Brunnen (Eingriff in die Automatik von Hand aus), und ein „Ein"-Druckknopftaster erlaubt das Einschalten der Zubringerpumpe bei abgeschalteter Druckpumpe zum Auffüllen derselben bei der ersten Inbetriebsetzung.

Abb. 58 zeigt den Schaltplan eines gleichen Pumpwerkes, bei dem aber die beiden Pumpen nicht gleichzeitig, sondern nacheinander eingeschaltet werden. Die Nacheinanderschaltung wird von einem Zeitrelais gesteuert, das im Anlasser der Zubringerpumpe eingebaut ist. Die Ein- und Ausschaltung erfolgt ebenfalls wasserstandsabhängig mittels Schwimmerschalters, die Trockenlaufsicherung besorgt eine Schalterklappe. Es ist auch in diesem Falle ein Zeitrelais mit verzögerter Kontakttrennung nach erfolgter Erregung erforderlich. Die Verzögerungszeit muß mindestens gleich sein jener Zeit, welche vom Einschalten der ersten Pumpe an bis zur tatsächlichen Förderung der beiden Pumpen vergeht (Anlaufzeit des Motors der Zubringerpumpe plus Anlaufzeit der Druckpumpe plus Beschleunigungszeit für die Wassersäule). Eine elektrische Verriegelung ist hier nicht notwendig, weil beim Abschalten einer der beiden Pumpen durch Ansprechen des Motorschutzes oder bei einem sofortigen Ausfall die Förderung aufhört und die Schalterklappe das Ausschalten der zweiten Pumpe besorgt.

Wird durch den Schwimmerschalter im Hochbehälter ein Einschaltkommando gegeben, dann erhält zunächst die Spule vom Anlaßschütz der Zubringerpumpe Spannung und nach vollzogenem Anlauf und nachdem das Zeitrelais im Anlaßschütz die Kontakte verzögert geschlossen hat, schließlich auch das Anlaßschütz der Druckpumpe, so daß nun beide Pumpen laufen. Beim Eintritt der Förderung schließt die Schalterklappe ihre Kontakte, so daß der Steuerstrom nunmehr, auch wenn das Hauptzeitrelais seine Kontakte verzögert trennt, geschlossen bleibt. Die beiden Pumpen laufen so lange weiter, bis vom Schwimmerschalter des Hochbehälters ein Ausschaltkommando kommt. Der Steuerstromkreis wird gänzlich unterbrochen, die Anlaßschütze fallen ab, ebenso das Zeitrelais. Die Anlage ist für ein neuerliches Einschaltkommando bereit. Fällt die Schalterklappe infolge gestörter Förderung oder wegen Wassermangel und dadurch aussetzender Förderung zu, dann unterbricht sie ihre elektrischen Kontakte, der Steuerstromkreis der beiden Anlaßschütze wird unterbrochen, die Pumpen werden ausgeschaltet. Das Hauptzeitrelais bleibt aber über den Schwimmerschalter erregt und angezogen. Die Pumpen müssen nach Behebung der Störung von Hand aus durch längeren Druck auf den ,,Ein"-Druckknopf eingeschaltet werden. Auch wenn der Wassermangel im Brunnen, falls dieser die Ursache des Ausschaltens gewesen war, durch Wasserzufluß behoben ist, schalten sich die Pumpen nicht selbsttätig ein. Mittels dieses ,,Ein"-Druckknopfes kann die Zubringerpumpe bei abgeschalteter Druckpumpe in Betrieb gesetzt und zum Auffüllen der Druckpumpe verwendet werden. Ein einpoliger Drehschalter gestattet den Dauerlauf beider Pumpen, unabhängig vom Schwimmerschalter.

Anwendung. Diese Schaltungsart wird dann angewendet, wenn bei kleinen Liefermengen große Förderhöhen zu bewältigen sind und wegen der hiebei notwendigen großen Stufenzahl die Förderhöhe auf zwei Pumpen aufgeteilt werden muß. Das ist insbesondere dann erforderlich, wenn es sich um einen engen Bohrbrunnen handelt, für den eine Tauchmotorpumpe mit kleinem Außendurchmesser gewählt werden muß.

Ob ein gleichzeitiges Einschalten beider Pumpen zulässig ist, hängt von den Vorschriften des den Strom liefernden Werkes ab. Ist Nacheinanderschalten erforderlich, dann empfiehlt sich an Stelle der elektrischen Verriegelung die Anwendung der Schalterklappe, die gleichzeitig

Schutz gegen Trockenlauf ist. Beim Ansprechen der Schalterklappe bei Trockenlauf kann eine Signalklingel betätigt werden, die den Nichtbetrieb der Pumpanlage anzeigt.

XI. Pumpwerke mit Druckwindkessel.

Diese werden dort angewendet, wo die Anordnung eines Hochbehälters in entsprechender Höhe nicht möglich oder aus irgendwelchen Gründen nicht erwünscht ist. Der Druckwindkessel — bei größeren Pumpwerken auch deren zwei — wird im allgemeinen mittels einer Stichleitung an die Pumpwerksdruckleitung angeschlossen.

Saugen die Pumpen des Werkes direkt aus einem Brunnen an, dann muß dieser unbedingt eine solche Ergiebigkeit haben, die dem Augenblicksspitzenbedarf der Wasserverbraucher mindestens gleich ist. Ist der Brunnen weniger ergiebig, dann muß das Pumpwerk in zwei Teile gegliedert werden: in ein Vorpumpwerk, welches das Brunnenwasser in einen Zwischenbehälter fördert, und in ein Druckpumpwerk, welches das Wasser aus dem Zwischenbehälter, der in diesem Falle als Ausgleichspuffer dient, in die Verbraucherleitung drückt. Das Vorpumpwerk kann nun die gesamte Tagesmenge innerhalb einer Zeit von 8 bis 12 Stunden, unabhängig vom Verbrauch, gleichmäßig vom Brunnen in den Zwischenbehälter fördern, während das Druckpumpwerk für die augenblickliche Spitzenverbrauchsmenge bemessen werden muß.

Der Druckwindkessel ist keinesfalls ein Speicher im Sinne eines Wasservorratsbehälters. Er dient lediglich der selbsttätigen Ein- und Ausschaltung der Pumpen und soll die Häufigkeit des automatischen Ein- und Ausschaltspieles regeln. Die Notwendigkeit des Kessels und sein Zweck ergibt sich aus folgender Betrachtung.

Eine Kreiselpumpe kann grundsätzlich in jedem Punkt ihrer Q-H-Kennlinie (Drosselkurve) arbeiten. Sie könnte daher ohne weiteres direkt in die Verbraucherleitung fördern, auch wenn der Verbrauch großen Schwankungen unterworfen ist. Selbst wenn der Verbrauch zeitweilig sehr klein wird oder kurzzeitig auf Null absinkt, schadet das der Pumpe nicht, sie fördert beim Steigen des Verbrauches wieder anstandslos weiter. (Siehe Störungsmöglichkeiten beim Betrieb im labilen Bereich nach Kap. V und beim Parallelarbeiten nach Kap. VI.) Wenn aber ein Nullverbrauch des öfteren und womöglich noch durch längere Zeit zu erwarten ist, dann muß die Pumpe unbedingt ausgeschaltet werden, um Beschädigungen durch Leerlauf zu verhindern. Außerdem arbeitet die Pumpe bei sehr kleinen Liefermengen äußerst unwirtschaftlich, es treten hiebei verhältnismäßig große Stromkosten für das geförderte Wasser auf. Aus wirtschaftlichen Gründen ergibt sich die Forderung, die Pumpe zwangsläufig nur im Bereich ihres besten Wirkungsgrades arbeiten zu lassen (s. Linie für den Arbeitsaufwand in Abb. 28).

Das Ausschalten der Pumpe beim Rückgang des Verbrauches auf Null oder auf sehr kleine Liefermengen läßt sich selbsttätig auf zweierlei Art steuern: entweder druckabhängig unter Ausnützung des Druckanstieges in der Rohrleitung und im Kessel bei kleiner werdender Pumpenliefermenge entsprechend der Drosselkurve oder liefermengenabhängig beim Rückgang der Pumpenliefermenge bei geringem Verbrauch, wobei ebenfalls ein Druckanstieg in der Leitung erfolgt.

Das selbsttätige Wiedereinschalten der Pumpe läßt sich aber nur druckabhängig gestalten. (Das Zuschalten weiterer Pumpen zu einer bereits laufenden jedoch auch verbrauchsmengenabhängig.) Eine liefermengenabhängige Einschaltung einer Pumpe, auch die Einschaltung der ersten eines Pumpwerkes mit mehreren Pumpen, ist nicht möglich, weil die Pumpe vor ihrem Einschalten nicht fördert, nicht liefert.

Würde eine Pumpe, welche direkt, also ohne Verwendung eines Windkessels oder eines Hochbehälters, in ein Verbraucherrohrnetz fördert, beim Rückgang der Verbrauchsmenge und damit der Pumpenliefermenge bei steigendem Druck entweder druck- oder liefermengenabhängig ausgeschaltet, dann würde sie im nächsten Augenblick sofort wieder druckabhängig eingeschaltet werden. Auch bei kleinstem Verbrauch bei der hiebei an einem Auslaufhahn geöffneten Druckleitung würde der während der Förderung vorhandene Druck sofort auf den vom Druckschalter oder dem Kontaktmanometer bestimmten Einschaltdruck absinken. Nach dem Wiedereinschalten würde aber der Leitungsdruck sofort wieder auf den Ausschaltdruck ansteigen, weil die Verbrauchsmenge kleiner ist als die normale Pumpenliefermenge. Dieses Aus- und Einschaltspiel würde sich in rascher Aufeinanderfolge wiederholen. Selbst wenn der Verbrauch auf den Wert Null absinkt und die Druckleitung gänzlich abgesperrt würde, könnte sich beim Ausschalten der Pumpe der in der Leitung herrschende höhere Druck nicht halten, denn das Wasser ist nicht zusammendrückbar und die Volumensvergrößerung der Leitung durch Dehnung bei höherem Druck ist praktisch ohne Belang, so daß bei der geringsten Undichtheit eines Auslaufhahnes Druckverlust eintreten würde. Die Folge wäre das gleiche rasch aufeinanderfolgende Ein- und Ausschaltspiel. Dieses muß aber unbedingt verhindert werden.

Die Schalthäufigkeit muß innerhalb bestimmter Grenzen gehalten werden, die in erster Linie durch die für die Steuer- und Motoranlassergeräte zulässigen Schaltzahlen gegeben sind. Für die Anlassergeräte werden von den Herstellerfirmen die jeweils zulässigen stündlichen Schaltzahlen in Abhängigkeit von der Lebensdauer der Kontakte bzw. in Abhängigkeit von der auftretenden Erwärmung angegeben.

Die Verminderung der Schalthäufigkeit auf das zulässige Maß kann nur durch Speicherung einer entsprechenden Wassermenge in der Druckleitung in einem an diese angeschlossenen Druckwindkessel erfolgen. Die Pumpe wird erst nach Abgabe dieser Speichermenge eingeschaltet. Während des Laufes wird der Förderüberschuß der Pumpe im Kessel aufgespeichert, das Ausschalten erfolgt nach langsam ansteigendem Druck. Voraussetzung für die Speichermöglichkeit in einem Kessel unter Druck ist aber das Vorhandensein eines zusammendrückbaren Mediums, in diesem Falle der Luft (in der Bergmannssprache „Wind" genannt). Beim Einfließen der Speichermenge wird die Luft unter steigendem

Druck zusammengedrückt und vermindert dabei ihr Volumen, so daß für das Wasser Raum geschaffen wird; beim Ausfließen dehnt sich die Luft unter sinkendem Druck wieder aus.

Die grundsätzliche Arbeitsweise eines Pumpwerkes mit Windkessel ist folgende: Wird ein Auslaufhahn des Verbraucherrohrnetzes geöffnet, dann fließt das im Kessel gespeicherte, unter dem Druck der komprimierten Luft stehende Wasser aus. Entsprechend der Ausdehnung des Luftpolsters vermindert sich der Druck im Kessel und in der Rohrleitung. Bei einem bestimmten, durch die vorgenommene Einstellung des Druckschalters oder des Kontaktmanometers gegebenen Mindestdruck wird die Pumpe eingeschaltet. Ist der Verbrauch groß, dann fördert die Pumpe die gesamte Liefermenge in das Rohrnetz. Ist der Verbrauch hingegen klein, dann fließt der Förderüberschuß in den Kessel, drückt die darin befindliche Luft zusammen, der Druck steigt an und bei einem bestimmten Höchstdruck, der ebenfalls durch die Einstellung des Druckschalters oder des Kontaktmanometers gegeben ist, wird die Pumpe ausgeschaltet. Dieses Schaltspiel wiederholt sich ständig.

In manchen Fällen wird ein Windkessel an eine Pumpendruckleitung angeschlossen, um Druck- und Wasserschläge in langen Druckleitungen zu verhindern. Sie müssen dann entsprechend groß bemessen werden.

In automatischen Pumpwerken, bei denen dauernd laufende Pumpen zu- und abgeschaltet oder um- und rückgeschaltet werden, wirkt der Windkessel als Puffer. Er verhindert Druckstöße und Schwingungen in der Rohrleitung.

A. Pumpwerk mit einer Pumpe bei normaler druckabhängiger Einschaltung und druckabhängiger Ausschaltung.

Beschreibung. An die Druckleitung der Pumpe wird mittels einer Stichleitung (s. Abb. 59) ein Windkessel und an diesen ein Druckschalter oder ein Kontaktmanometer angeschlossen (s. Abb. 11 bis 14). Die Pumpe wird bei einem bestimmten Mindestdruck im Kessel ein- und bei einem festgelegten Höchstdruck ausgeschaltet.

Bei kleineren Pumpwerken, insbesondere bei Hauswasserwerken, verwendet man im allgemeinen Druckschalter; bei größeren Werken, in erster Linie bei solchen mit mehreren Pumpen, die gewöhnlich stufenweise gesteuert werden (s. die Abb. 78, 79 und 80), aber Kontaktmanometer. Beim Druckschalter kann die Einstellung der gewünschten Schaltgrenzen nur versuchsweise mit Hilfe eines Manometers erfolgen, derart, daß die Einstellschrauben solange verstellt werden, bis die Pumpe tatsächlich bei den verlangten, am Manometer ablesbaren Drücken ein- bzw. ausgeschaltet wird. Die handelsüblichen Druckschalter sind gewöhnlich nur für kleinste Druckunterschiede von 1,0 bis 1,5 at zwischen Aus- und Einschaltdruck einstellbar, was in vielen Fällen ausreichend ist, besonders dann, wenn die Pumpen bei höheren Drücken, z. B. bei 3,0 atü Ein- und 4,0 bis 4,5 atü Ausschaltdruck arbeiten. Empfindliche Druckschalter lassen sich auf Differenzen von 0,5 bis 1,0 at, z. B. auf 1,5 atü Ein- und

2,0 atü Ausschaltdruck einstellen. Sonderschalter erreichen Unterschiede von 0,2 bis 0,3 at. Beim Kontaktmanometer hingegen sind die gewünschten Schaltdrücke direkt mittels eines Stellschlüssels einzustellen; die Oberwert- und Unterwertschließkontakte werden einfach auf die gewünschten Werte auf der Skala des Manometers gestellt. Beim Kontaktmanometer kann jede beliebige Druckdifferenz, auch eine solche von 0,2 bis 0,5 at erzielt werden.

Für jedes Pumpwerk wird verlangt:

1. eine maximal abzugebende Liefermenge $Q_{v\,max}$,
2. ein bestimmter geringster Auslaufdruck h_a an der ungünstigst gelegenen Verbraucherstelle.

Gegeben ist aus den örtlichen Verhältnissen:

a) die geodätische Förderhöhe H_g als Summe von geodätischer Saug- und Druckhöhe,

b) die Absenkung s des Brunnenwasserspiegels in Abhängigkeit von der Entnahmemenge,

c) der Reibungswiderstand h_w des Rohrnetzes unter Berücksichtigung einer voraussichtlichen Aufteilung der Gesamtmenge auf die einzelnen Stränge, quadratisch mit dem Verbrauch steigend angenommen.

Die notwendige Pumpenförderhöhe H_n ergibt sich, wie bekannt, als Summe von $H_g + s + h_a + h_w = H_n$.

Hiebei sind H_g und h_a gleichbleibende Werte, während s und h_w von der Pumpenliefermenge Q bzw. von der Verbrauchsmenge Q_v abhängig sind. Daher ist auch der Wert H_n variabel, die notwendige Pumpenförderhöhe nimmt mit steigendem Verbrauch zu.

Im Arbeitsbild Abb. 59 gibt die Linie H_n die niedrigsten erforderlichen Pumpenförderhöhen bei den verschiedenen Verbrauchsmengen in Abhängigkeit von diesen an. Diese Förderhöhen bzw. die ihnen entsprechenden Drücke in der Rohrleitung und im Kessel dürfen nicht unterschritten werden, weil sonst die Bedingung eines bestimmten Mindestauslaufdruckes nicht mehr erfüllt würde.

Durch den Wert H_n für das gewünschte $Q_{v\,max} = Q_{max}$ ist ein Betriebspunkt aus der erforderlichen Pumpenkennlinie (Drosselkurve) gegeben. Dieser Punkt wird gewöhnlich als Einschaltpunkt (Einschaltförderhöhe H_e und zugehörige Einschaltliefermenge Q_e) für die Steuerung der Pumpe durch den Druckschalter oder das Kontaktmanometer gewählt. Die Pumpenkennlinie muß nun so verlaufen, daß sie, wie aus Abb. 59 ersichtlich ist, bei kleinerer Liefermenge noch unterhalb des Kennlinienscheitels eine Förderhöhe erreicht, die etwa um die zu wählende Druckdifferenz zwischen Ein- und Ausschaltdruck (im allgemeinen 10 bis 15 bis 20 mWS) größer ist als diejenige bei Q_{max}. Aus diesen beiden Bedingungen ist die erforderliche Pumpe gekennzeichnet und bestimmt.

Abb. 59 zeigt das hydraulische Arbeitsbild eines einfachen Pumpwerkes für eine Siedlung mit einer Tauchmotorpumpe in einem Tiefbrunnen für folgende Verhältnisse:

Eine Pumpe, druckabhängige Ein- und Ausschaltung. 63

Gewünschte größte Pumpenliefermenge Q_{max} ...... 550 bis 600 l/min
Ruhewasserspiegeltiefe H_u unter Brunnenoberkante . 15 m
Spiegelabsenkung s bei Entnahme von 600 l/min .. 3 m
Höhenlage H_o des höchstgelegenen Feuerlösch-
hydranten über Brunnenoberkante .... 2 m
Widerstand h_w' der Steigleitung bis zum Kessel bei
einer Pumpenliefermenge von 600 l/min .... 2 m WS
Widerstand h_w'' des gesamten Verbraucherrohrnetzes
beim größten Verbrauch von 600 l/min......... 7 m WS
Gewünschter Auslaufdruck h_a am ungünstigst gele-
genen Feuerhydranten .... 25 m WS

Für $Q_v = 600$ l/min beträgt die notwendige mano-
metrische Pumpenförderhöhe daher .... 54 m WS

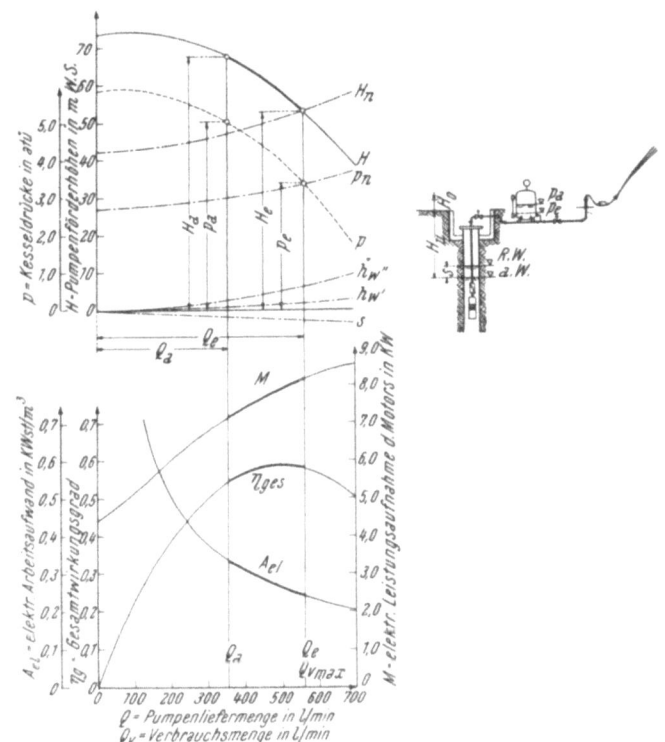

Abb. 59. Schematische Darstellung und hydraulisches Arbeitsbild eines Pumpwerkes mit Windkessel bei druckabhängiger Ein- und Ausschaltung der Pumpe.

Entsprechend der gezeichneten Linie der notwendigen Pumpenförderhöhen H_n ist eine Pumpe mit folgender Leistung erforderlich: $Q = 600$ l/min
bei $H = 54$ m oder $Q = 550$ l/min bei $H = 52$ m manometrisch, wobei die

zu wählende Pumpe eine um die in diesem Beispiel angenommene Druckdifferenz von 15 m größere Förderhöhe bei kleiner Liefermenge noch unterhalb des Kennlinienscheitels erreichen muß.

Aus dem Fertigungsprogramm einer Pumpenfabrik stehe eine Tauchmotorpumpe mit den in Abb. 59 eingetragenen Kennlinien zur Verfügung:

$$Q = 560 \text{ bis } 350 \text{ l/min}$$
$$H = 52,5 \text{ bis } 68 \text{ m}.$$

Im Schnitt der Pumpenkennlinie H mit der Linie der notwendigen Förderhöhen H_n ergibt sich die größte Pumpwerksliefermenge $Q_{\max} = 560$ l/min bei der Förderhöhe von 52,5 m, welche gleichzeitig die Einschaltförderhöhe H_e ist. Die Ausschaltförderhöhe H_a ist entsprechend der gewählten Druckdifferenz von 15 m mit 67,5 m festgelegt. Die zugehörige Pumpenliefermenge Q_a beträgt 355 l/min.

Die Einschalt- bzw. Ausschaltförderhöhe H_e und H_a sind jene manometrischen Pumpenförderhöhen, bei denen die Ein- und Ausschaltung der Pumpe erfolgt. Die im Druckwindkessel hiebei herrschenden Drücke sind niedriger, und zwar um die Summe aus Vertikalabstand H_u zwischen Kessel und dem Brunnenruhewasserspiegel, der Spiegelabsenkung in Abhängigkeit von der Entnahmemenge und dem Reibungswiderstand h_w' der Steigleitung vom Brunnen bis zum Kessel. Die von der Pumpe im Windkessel erzeugten Drücke lassen sich durch eine Drucklinie p darstellen.

Diese Linie ist nur dann eine Parallele zur Drosselkurve der Pumpe, wenn die Absenkung des Brunnenwasserspiegels s und der Rohrwiderstand h_w' sehr klein und daher vernachlässigbar sind. Die Linie p_n für die notwendigen Kesselmindestdrücke ergibt sich aus der Summe von h_a, h_w'' und H_o.

Bei Q_e und Q_a ergeben sich aus der Linie p folgende Schaltdrücke: Einschaltdruck $p_e = 3,35$ atü; Ausschaltdruck $p_a = 5,0$ atü. Auf diese Schaltwerte ist der Druckschalter oder das Kontaktmanometer einzustellen. Der Druckunterschied $p_a - p_e$ ist größer als $H_a - H_e$. Die Ursache hiefür sind die bei Q_a und Q_e verschiedenen Werte für den Rohrwiderstand h_w' und die Wasserspiegelabsenkung s.

Die gewöhnlich, auch im angeführten Beispiel, getroffene Wahl der Pumpeneinschaltförderhöhe H_e gleich der notwendigen Pumpenförderhöhe H_n bei der größten Verbrauchsmenge $Q_{v\max}$ ergibt einen höheren Einschaltdruck als notwendig. Das automatische Schaltspiel tritt ja nur bei Verbrauchsmengen zwischen Null und jener Menge auf, die gleich ist der Pumpenliefermenge Q_a beim Ausschaltdruck p_a. Wie aus Abb. 59 ersichtlich ist, kann die Einschaltförderhöhe H_e gleich jener von H_n bei Q_a, hier mit 47 m, der Einschaltdruck p_e gleich jenem von p_n bei Q_a, hier mit 2,95 atü gewählt werden, ohne daß die notwendige Förderhöhe H_n jemals unterschritten wird. Bei dieser genauen Wahl kann elektrischer Arbeitsaufwand eingespart werden; mitunter ist sogar eine Pumpe mit geringerer Förderhöhe ausreichend.

Eine Pumpe, druckabhängige Ein- und Ausschaltung. 65

Die Arbeitsweise. (S. Abb. 59, in dieser ist auf der Abszisse sowohl die Pumpenliefermenge Q als auch die vom Pumpwerk abgegebene Verbrauchsmenge Q_v, die nicht immer identisch sind, aufgetragen.) Wird die Anlage elektrisch an das Stromnetz angeschlossen, dann läuft die Pumpe an; sie fördert in den Kessel, das eindringende Wasser drückt die darin befindliche Luft zusammen, bis der Ausschaltdruck $p_a = 5,0$ atü erreicht wird. Der Druckschalter schaltet die Pumpe aus. Er unterbricht die Steuerleitung des Motoranlaßschützes, das Schütz fällt ab, der Motor wird stromlos. Im elektrischen Schaltplan, Abb. 60, ist sowohl die Steuerung mittels Druckschalter wie mittels Kontaktmanometers eingetragen. Beim Kontaktmanometer wird beim Erreichen des Ausschaltdruckes durch den beweglichen Zeigerkontakt beim Berühren mit dem Oberwertschließkontakt die Spule des Zwischenschützes kurzgeschlossen, so daß das Schütz abfällt und der Steuerstromkreis des Anlassers unterbrochen wird.

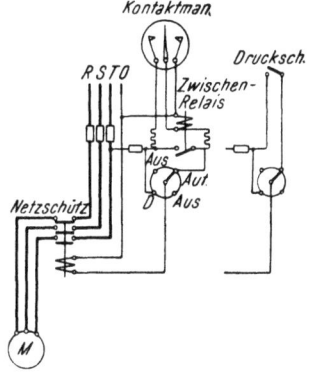

Abb. 60. Elektrisches Schaltbild für druckabhängige Steuerung einer Pumpe.

Tritt nun nach Öffnen des Hauptabsperrschiebers ein Wasserverbrauch durch Öffnen eines oder mehrerer Hähne des Verbraucherrohrnetzes auf, dann gibt der Kessel infolge des in ihm herrschenden Luftdruckes seine Speichermenge S ab. Die Luft im Kessel dehnt sich aus, der Druck sinkt, bis schließlich der Einschaltdruck $p_e = 3,35$ atü erreicht wird. Der Druckschalter schließt seine Kontakte und damit den Steuerstromkreis für das Motoranlaßschütz, die Pumpe wird wieder eingeschaltet. Beim Kontaktmanometer berührt der bewegliche Zeigerkontakt den Unterwertschließkontakt, das Zwischenrelais wird an Spannung gelegt und seine Kontakte schließen den Steuerstromkreis des Motoranlassers, die Pumpe läuft an. Bei einem Kesseldruck von 3,35 atü liefert die Pumpe $Q_e = 560$ l/min. Beträgt im Augenblick des Einschaltens die Verbrauchsmenge z. B. nur 150 l/min, dann fördert die Pumpe 150 l/min direkt ins Rohrnetz, den Überschuß $Q_k = 410$ l/min aber in den Kessel. Der Druck im Kessel steigt und damit auch der Gegendruck der Pumpe; ihre Liefermenge geht ständig zurück, bis diese bei Erreichen des Ausschaltdruckes nur mehr 355 l/min beträgt. Hievon fließt die Verbrauchsmenge $Q_v = 150$ l/min weiter direkt in das Netz und nur 205 l/min in den Kessel. Der Kessel hat die Speichermenge S aufgenommen, der Druckschalter öffnet seine Kontakte, die Spule des Anlaßschützes wird stromlos und der Pumpenmotor vom elektrischen Netz abgeschaltet. Nun wird wieder die Speichermenge des Kessels abgegeben, das Ein- und Ausschaltspiel wiederholt sich.

Abb. 59 läßt erkennen, daß selbsttätiges Schaltspiel auftritt bei allen Verbrauchsmengen zwischen Null und 355 l/min. Die Pumpenliefermengen schwanken hiebei von 560 l/min bis 355 l/min, die Pumpenförderhöhen von 52,5 bis 67,5 m, die Kesseldrücke von 3,55 bis 5,0 atü, die Werte für den elektrischen Arbeitsaufwand von 0,240 bis 0,337 kWh/m³, die Wirkungsgrade von 0,582 über 0,588 bis 0,542. Das Bild läßt weiter erkennen, daß bei einem Verbrauch, der größer ist als 355 l/min der Pumpenförderdruck geringer ist als die Ausschaltförderhöhe H_a und daher im Kessel der Ausschaltdruck p_a nicht mehr erreicht werden kann. Die Pumpe läuft dauernd ohne automatisches Ein- und Ausschaltspiel, sie gibt ihre ganze Fördermenge direkt in das Verbrauchernetz ab. $Q = Q_v$ und $Q_k = O$. Der Kesseldruck bleibt bei einer gleichbleibenden Verbrauchsmenge auf einem der Drosselkurve bzw. der Kesseldrucklinie p entsprechenden Wert konstant. Bei einem Verbrauch von beispielsweise 500 l/min arbeitet die Pumpe bei einer manometrischen Förderhöhe von 58,2 m und einem Kesseldruck von 3,9 atü, bei einem elektrischen Arbeitsaufwand von 0,267 kWh/m³ und einem Wirkungsgrad von 0,588. Bei Verbrauchsmengen zwischen 355 und 560 l/min läuft die Pumpe dauernd ohne Schaltspiel bei den der Pumpenliefermenge, die gleich ist der Verbrauchsmenge, zugehörigen Werten für die Förderhöhe bzw. für den Kesseldruck, den Arbeitsaufwand und den Gesamtwirkungsgrad.

Bei einem größeren Verbrauch als 560 l/min würde der geforderte Mindestdruck an der ungünstigsten Auslaufstelle unterschritten werden.

Bei den Verbrauchswerten zwischen Null und 355 l/min, also in jenem Bereich, in welchem automatisches Schaltspiel auftritt, schwanken Pumpenförderhöhe, Kesseldruck, Arbeitsaufwand und Wirkungsgrad während des Pumpenlaufes zwischen zwei Werten. Bei Verbrauchsmengen von 355 bis 560 l/min, im Bereich des Pumpendauerlaufes hingegen entsprechen einer bestimmten Verbrauchsmenge genau zugeordnete Werte auf den Pumpenkennlinien, sie sind daher leicht zu ermitteln. Für den Bereich des Schaltspieles müssen Mittelwerte für die Größe der Förderhöhe, des Kesseldruckes, des Arbeitsaufwandes und des Wirkungsgrades bestimmt werden. Eine genaue rechnerische Bestimmung dieser Mittelwerte ist sehr umständlich und zeitraubend, gewöhnlich aber gar nicht wissenswert. Es genügen vollauf Näherungswerte für den Kesseldruck bzw. für die Pumpenförderhöhe und den Arbeitsaufwand, um ein anschauliches und hinlängliches Bild der Arbeitsweise des Pumpwerkes und seine Wirtschaftlichkeit, die Stromkosten je Kubikmeter geförderten Wassers zu erhalten.

Für den Arbeitsaufwand kann jener bei der Pumpenliefermenge $Q_m = (Q_e + Q_a)/2$ über den ganzen Bereich gleichbleibend angenommen werden. Im Beispielsfalle ist $Q_m = 457$ l/min und als zugehöriger Wert der Kennlinie ist $A_m = o,282$ kWh/m³.

Für die mittlere Pumpenförderhöhe bzw. den mittleren Kesseldruck kann, wieder über den ganzen Bereich gleichbleibend, das arithmetische Mittel aus Ein- und Ausschaltförderhöhe bzw. aus Ein- und Ausschaltdruck zugrunde gelegt werden. Im Beispielsfalle ist $H_m = 60$ m und $p_m = 4,18$ atü.

Es ist zu beachten, daß im Bereich des automatischen Schaltspieles, also bei kleineren Verbrauchsmengen sowohl der Kesseldruck, als auch der Arbeitsaufwand bedeutend niedriger sind, als dann, wenn die Pumpe bei kleinen, den Verbrauchsmengen entsprechenden Liefermengen nicht mit Schaltspiel, sondern bei direkter Förderung in das Rohrnetz dauernd laufen würde. Die selbsttätige Ein- und Ausschaltung der Pumpe verbessert den Arbeitsaufwand und vermindert den Leitungsdruck bei kleinen Verbrauchsmengen gegenüber einer über den ganzen Bereich dauernd laufenden Pumpe. Das entspricht auch der Forderung nach möglichst gleichbleibendem Druck an den Verbraucherstellen und größtmöglicher Wirtschaftlichkeit.

Anwendung. Solche Pumpwerke werden als Wasserversorgungsanlagen für Einfamilienhäuser, Bauerngehöfte, kleine Siedlungen und kleinere Industriewerke gebaut. Sie sind die einfachsten Pumpwerke und erfordern nur geringe Wartung. Man kann mit ihnen ohne jeden größeren, oder besonders hoch gelegenen Behälter immer die gewünschten Drücke, die an höher gelegenen Verbraucherstellen oder zum Spritzen erforderlich sind, erreichen. An Stelle eines normalen Druckschalters oder eines Kontaktmanometers kann auch ein Verbrauchsdruckschalter nach Abb. 15 verwendet werden, oder Druckschalter und Kontaktmanometer werden an die Einschnürungsstelle eines in die vom Pumpwerk abgehende Verbraucherleitung eingebauten Venturirohres angeschlossen. (S. Kap. III, D, b und Kap. XI, E, b.) Eine wesentliche Ersparnis an Stromkosten wegen der Regelung auf die geringstnotwendigen Drücke wird dadurch bei Pumpwerken mit nur einer Pumpe gewöhnlich nicht erzielt, es sei denn, der Widerstand der Verbraucherleitung wäre sehr groß, die Linie der notwendigen Pumpenförderhöhen sehr steil.

a) Die Bemessung des Windkessels.

Die Bemessung des notwendigen Inhaltes eines Druckwindkessels einer Pumpanlage muß unter Bedachtnahme auf eine bestimmte zulässige Schalthäufigkeit z für das automatische Ein- und Ausschaltspiel erfolgen. Maßgebend für diese ist die Speichermenge S des Kessels.

Aus Kap. IX, A, und dem darin angeführten Beispiel geht hervor, daß das automatische Ein- und Ausschaltspiel der Pumpe nur bei kleineren Verbrauchsmengen erfolgt, und zwar bei jenen, welche zwischen Null und der der Pumpenliefermenge Q_a beim Ausschaltdruck gleichen liegen. Bei einer größeren Verbrauchsmenge als Q_a läuft die Pumpe dauernd, die Dauer einer Schaltperiode wird theoretisch unendlich, die Schaltzahl gleich Null. Tritt gar kein Verbrauch auf, dann steht das Pumpwerk still (z. B. während der Nacht), die Dauer einer Schaltperiode ist ebenfalls unendlich und die Schaltzahl gleich Null. Es muß daher offenbar bei einer zwischen Null und der Größe Q_a gelegenen Verbrauchsmenge die geringste Dauer einer Schaltperiode und die größte Schaltzahl auftreten. Um diese feststellen zu können, muß der Zusammenhang zwischen Kesselspeichermenge S, der kürzesten Dauer einer Schaltperiode t_{min}, der Pumpenliefermenge Q und der Verbrauchsmenge Q_v klargelegt werden.

Die Speichermenge eines Windkessels ist abhängig von der Luftmenge L, welche bei Beginn des Wassereinflusses unter dem Pumpeneinschaltdruck in ihm vorhanden ist und vom Verhältnis des Einschaltdruckes p_e zum Druck p_a, der im Augenblick der Beendigung des Wassereinflusses, beim Ausschalten der Pumpe herrscht.

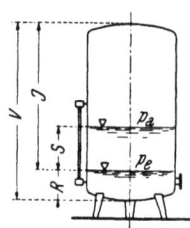

Abb. 61.
Druckwindkessel.

Die Speichermenge ist um so größer, je größer der Druckluftpolster im Kessel beim Einschaltdruck p_e ist. Am besten ist der Kessel ausgenützt, wenn er im Zeitpunkt des Einschaltens der Pumpe praktisch von Wasser entleert ist und sich nur mehr die durch die Höhe des Wasseranschlußstutzens bedingte Restwassermenge R darin befindet. Dann wird die Luftmenge L gleich dem nutzbaren Kesselinhalt J. Für eine richtige Belüftung des Kessels muß daher bei jeder Pumpanlage Sorge getragen werden (s. Abb. 61).

Zur Berechnung der Speichermenge des Kessels wird die Annahme getroffen, daß die Luftverdichtung und Entspannung isotherm erfolgt. Wenn die Kesselfüllung und -entleerung nicht zu rasch vor sich geht, dann ist anzunehmen, daß die Kompressionswärme während der Füllung an das einfließende Wasser und an die Kesselwandung abgegeben, und umgekehrt, bei der Entspannung beim Entleeren die erforderliche Wärmemenge aus dem Wasser und von der Kesselwand her wieder aufgenommen wird. Dann gilt

$$p \cdot v = \text{const.}, \quad \text{oder} \quad p_e' \cdot J = p_a' \cdot (J - S)$$

$$J = S \cdot \frac{p_a'}{p_a' - p_e'} = \frac{S}{x}; \qquad x = \frac{S}{J} = \frac{p_a' - p_e'}{p_a'}.$$

Hierin sind p_e' und p_a' die absoluten Drücke im Kessel beim Ein- bzw. Ausschalten der Pumpe in ata und x ist der Verhältnisanteil der Speichermenge am nutzbaren Kesselinhalt J. Aus Abb. 62 ist diese Verhältniszahl leicht und rasch abzulesen. Die Schaltdrücke sind hier aber als Überdrücke über dem atmosphärischen Luftdruck, der mit 1 at angenommen ist, anzunehmen, also jene Drücke, welche am Manometer ablesbar sind und im Kessel tatsächlich auftreten.

Bei einem Einschaltdruck von 3,35 atü (= 4,35 ata) und einem Ausschaltdruck von 5,0 atü (= 6,0 ata) ist $x = 0{,}275$. Das heißt, die Speichermenge beträgt 27,5% des Luftvolumens L, das beim Einschaltdruck vorhanden ist oder bei richtiger Kesselbelüftung 27,5% des nutzbaren Kesselinhaltes J.

Aus Abb. 62 geht hervor, daß die Speicherfähigkeit eines Kessels bei gleichbleibender Differenz zwischen Aus- und Einschaltdruck bei niederen Drücken größer ist als bei höheren. Bei den Schaltdrücken 2,35 und 4,0 atü beträgt $x = 0{,}33$ und bei den Drücken 4,35 und 6,0 atü ist $x = 0{,}24$.

Es ist daher in manchen Fällen empfehlenswert, den Kessel in größerer Höhenlage aufzustellen, weil man dadurch mit einem geringeren Kesselvolumen, noch dazu bei niederem Betriebsdruck, das Auslangen findet.

Der Druckunterschied zwischen Aus- und Einschaltdruck soll wegen der dadurch bedingten Druckschwankungen im Rohrnetz nicht zu groß gewählt werden. Dies ist auch oft unter Berücksichtigung der Pumpenkennlinie wünschenswert.

Die günstigste Schaltdruckdifferenz muß immer in Anlehnung an die Pumpendrosselkurve ermittelt werden, damit die Pumpe möglichst im Bereich ihres besten Wirkungsgrades arbeitet. Im allgemeinen sind Druckunterschiede von 1,0 bis 2,0 at zu wählen, die niederen Werte bei niedrigen, die größeren bei höheren Schaltdrücken.

Die Dauer t einer Schaltperiode, das ist die Zeit vom Einschalten der Pumpe über ihr Ausschalten bis zum Wiedereinschalten, setzt sich zusammen aus der Kesselfüllzeit t_1 und der Kesselentleerzeit t_2, wenn hiebei dauernd ein gleichbleibender Wasserverbrauch Q_v angenommen wird.

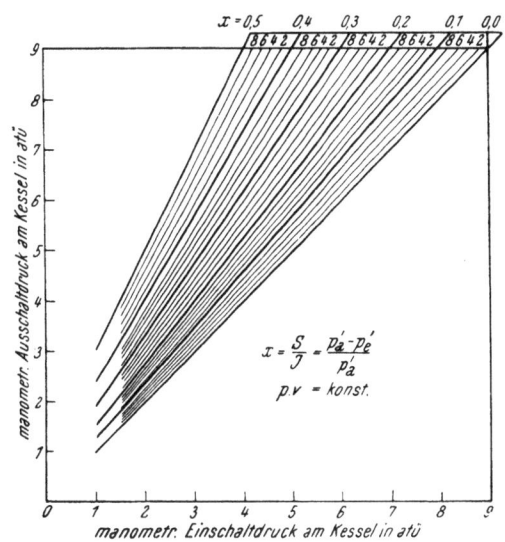

Abb. 62. Verhältnisanteil der Speichermenge am nutzbaren Inhalt eines Kessels.

$$t = t_1 + t_2.$$

Die Entleerzeit läßt sich unter Annahme einer gleichbleibenden Entnahmemenge leicht ermitteln.

$$t_2 = \frac{S}{Q_v}.$$

Die Füllzeit läßt sich rechnerisch nur sehr umständlich bestimmen, weil die in den Kessel fließende Menge Q_k nicht konstant bleibt, sondern sich bei steigendem Kesseldruck entsprechend der Drosselkurve bzw. der Kesseldrucklinie p mit der Pumpenliefermenge verringert.

$$Q_k = Q - Q_v.$$

Die genaue Durchrechnung der Kesselfüll- und -entleerzeit in Abhängigkeit von der Verbrauchsmenge Q_v für das im vorigen Beispiel laut Abb. 59

angegebene Pumpwerk ergibt die in Abb. 63 eingetragenen Linien t_1 und t_2 bzw. t. Das Minimum für die Dauer einer Schaltperiode tritt auf bei einem Verbrauch von $Q_v = 225$ l/min. Der Rechnung ist ein Kessel mit einem nutzbaren Inhalt von $J = 2500$ Liter bei richtiger Belüftung zugrunde gelegt.

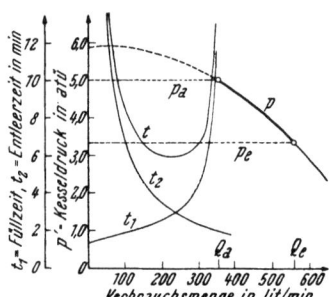

Abb. 63. Dauer eines Schaltspieles in Abhängigkeit von der Verbrauchsmenge.

Zwecks einfacherer Ermittlung der Kesselfüllzeit t_1 bzw. des Minimums der Dauer einer Schaltperiode t_{min} und der Verbrauchsmenge, bei welcher dieses auftritt, diene folgende Überlegung:

Würde an Stelle der Kreiselpumpe eine Kolbenpumpe verwendet, dann ist, weil deren Liefermenge Q unabhängig vom Gegendruck konstant bleibt, auch die in den Kessel fließende Wassermenge Q_k während der Kesselfüllung konstant, gleichbleibender Verbrauch Q_v vorausgesetzt. In diesem Falle ist daher nicht nur die Kesselentleerzeit t_2, sondern auch die Füllzeit t_1 leicht zu ermitteln.

$$t_2 = \frac{S}{Q_v}; \quad t_1 = \frac{S}{Q_k} = \frac{S}{Q - Q_v}; \quad t = t_1 + t_2 = \frac{S}{Q - Q_v} + \frac{S}{Q_v}.$$

t wird ein Minimum, wenn $Q_v = Q/2$

$$t_{min} = \frac{S}{Q - Q/2} + \frac{S}{Q_v} = 4 \cdot \frac{S}{Q}$$

in Minuten, wenn die Speichermenge in Liter und die Pumpenliefermenge in l/min eingesetzt wird. Die zulässige Schalthäufigkeit für die Motoranlaß- und Steuergeräte gibt man gewöhnlich mit z Schaltungen je Stunde an; daher gilt

$$t_{min} = \frac{60}{z} = 4 \cdot \frac{S}{Q}.$$

Daraus ergibt sich die notwendige Speichermenge des Kessels

$$S = \frac{60 \cdot Q}{4 \cdot z} = 15 \cdot \frac{Q}{z}$$

und unter Berücksichtigung der Verhältniszahl $x = S/J$ der notwendige Kesselinhalt

$$J = \frac{15 \cdot Q}{x \cdot z}.$$

Diese Berechnung stimmt, wie schon oben angedeutet, nur für Kolbenpumpen.

Bei Kreiselpumpen ist die Größe jener Verbrauchsmenge, bei welcher die Dauer einer Schaltperiode ein Minimum wird, weitgehend von der Drosselkurve der Pumpe und von dem Verhältnis der Pumpenliefermenge Q_a beim Ausschaltdruck zu jener Q_e beim Einschaltdruck abhängig. Während bei der Kolbenpumpe $Q_a = Q_e = Q =$ konstant ist, wird für die Kreiselpumpe die Berücksichtigung einer mittleren Liefermenge zwischen Ein- und Ausschaltdruck erforderlich.

$$Q_m = \frac{Q_e + Q_a}{2}.$$

Es zeigt sich ferner, daß t dann ein Minimum wird, wenn Q_v etwa $Q_m/2$ ist. Dies trifft aber nur solange zu, als die Pumpenliefermenge Q_a gegenüber der Liefermenge Q_e nicht zu klein ist. Beträgt Q_a nur $1/3$ von Q_e, dann ist $Q_m/2 = Q_a$; ist aber Q_a nur $1/4$ von Q_e, dann wird $Q_m/2 = 5/4 \cdot Q_a$. Das bedeutet, daß in diesem Falle bei einem Verbrauch gleich $Q_m/2$ Dauerlauf der Pumpe ohne Schaltspiel auftritt, daß bei dieser Verbrauchsmenge gar nicht die größte Schalthäufigkeit auftreten kann. In die Berechnungsformel für den Windkessel muß ein Berichtigungsfaktor K in Abhängigkeit vom Verhältnis Q_a/Q_e eingeführt werden (s. Abb. 64).

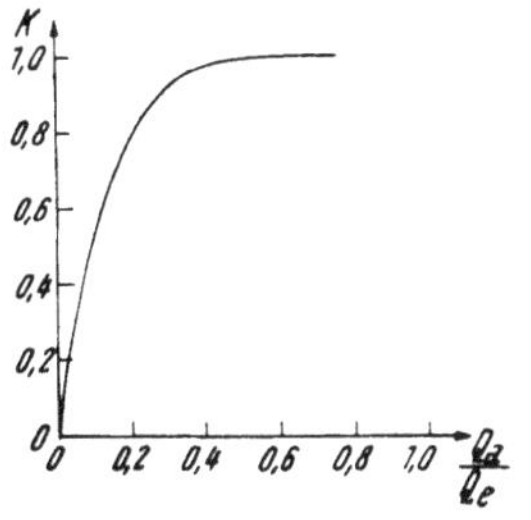

Abb. 64. Berichtigungsfaktor K.

Es gilt dann für Kreiselpumpen

$$J = k \cdot \frac{15 \cdot Q_m}{x \cdot z}.$$

Nimmt man nun das durch die Kesselbauart bedingte Restvolumen R (auch Totvolumen) mit etwa 15% des Gesamtkesselvolumens V an, dann wird

$$V = k \cdot \frac{18 \cdot Q_m}{x \cdot z} = k \cdot \frac{9 \cdot (Q_e + Q_a)}{x \cdot z}.$$

Die Werte für Q_e und Q_a sind aus dem Pumpwerksdiagramm (s. z. B. Abb. 59 und 63) gegeben, der Wert für x ist aus Abb. 62 und jener für k aus Abb. 64 abzulesen.

Die zulässigen Schaltzahlen z (Schalthäufigkeit) betragen:
a) für große Pumpwerke, z. B. für städtische Wasserversorgungsanlagen . . . . 6 bis 8 je Stunde
b) für mittlere Pumpwerke, z. B. für Siedlungen, Gemeinden oder Industriewerke . . . . 8 bis 12 je Stunde
c) für Kleinpumpwerke, z. B. Hauswasserwerke, Versorgungsanlagen für landwirtschaftliche Betriebe 15 bis 30 je Stunde

Bei Kleinpumpwerken ist deshalb eine verhältnismäßig große Schalthäufigkeit zulässig, weil gewöhnlich die tägliche Gesamtlaufzeit der Pumpe höchstens $1/2$ bis 1 Stunde beträgt und schon dadurch eine geringe tägliche Gesamtschaltzahl bedingt ist. Außerdem kommt es bei Kleinpumpwerken nie vor, daß der Wasserverbrauch längere Zeit hindurch anhält, weil die Pumpe die meist geringen benötigten Wassermengen schon in sehr kurzer Zeit liefert. Aus diesem Grunde kommen nie viele Schaltungen hintereinander vor. Beim Gartenspritzen, wo längere Zeit hindurch ein gleichbleibender Verbrauch auftritt, empfiehlt es sich, die Pumpe auf Dauerlauf zu schalten, um das automatische Ein- und Ausschaltspiel zu verhindern. Das hat überdies den Vorteil eines stets gleichbleibenden Spritzdruckes. Erreicht wird der Dauerlauf durch Einschalten eines parallel zum Druckschalter gelegten Dreh- oder Kippschalters.

Betont soll werden, daß die zur Berechnung der Kesselgröße angenommene Schaltzahl z nur bei einer ganz bestimmten Verbrauchsmenge auftritt, und zwar bei jener, bei welcher die Dauer einer Schaltperiode ein Minimum wird. Bei allen anderen Verbrauchsmengen wird t größer und die Schalthäufigkeit geringer.

Unter Annahme einer mittleren Schalthäufigkeit von 10 je Stunde ergibt sich bei der weiteren Annahme, daß Q_a etwa zwei Drittel von $Q_e = Q_{v\,max}$ ist, eine vereinfachte Faustformel für das notwendige Kesselvolumen:

für Ein-/Ausschaltdruck 1,5 bis 3,0 atü . . . $V = 4 \cdot Q_e$
                            2,0 ,, 3,5 ,,   · · · $V = 4,5 \cdot Q_e$
                            2,5 ,, 4,0 ,,   · · · $V = 5 \cdot Q_e$

Hierin ist Q_e die Pumpenliefermenge in l/min beim Einschaltdruck p_e.

Die mit 15% verhältnismäßig hoch angenommene Restmenge R ergibt größere Kessel. Hiedurch wird bei größerer Schalthäufigkeit die nicht vollständige Abgabe der Kompressionswärme an das Wasser und die Kesselwand berücksichtigt.

Außer der Bestimmung der notwendigen Kesselgröße V ist die Festlegung seines Betriebsdruckes wichtig. In den Abb. 59 und 63 gibt die Linie p jene Drücke an, welche von der Pumpe im Kessel erzeugt werden können. Die Wandstärken des Kessels sind nun für den höchstmöglichen Pumpendruck im Kessel zu bemessen. Im allgemeinen ist der höchste im Kessel vorkommende Druck gleich dem Ausschaltdruck des Druckschalters oder des Kontaktmanometers. Bei Dauerlauf der Pumpe oder beim Versagen des Druckschalters kann aber ein mitunter bedeutend höherer Druck, der größte von der Pumpe bei kleinen Verbrauchsmengen erzeugte Druck auftreten. Nach den gesetzlichen Bestimmungen ist der Kessel immer für einen solchen Betriebsdruck zu bestimmen, der nicht kleiner ist als der größte von der Pumpe im Kessel möglicherweise erzeugte Druck, ansonsten ist ein Sicherheitsventil anzubringen. In die Luftzuführungsleitung vom Kompressor her oder von einer Preßluftflasche ist jedenfalls ein Sicherheitsventil einzubauen. Bei Kesselgrößen, bei denen das Produkt aus Betriebsdruck in atü und Gesamtinhalt in Liter ($p \cdot V$) größer ist als 3000, muß eine Anschlußmuffe $3/4''$ mit Absperrhahn für die bei einer Überprüfung notwendige Anbringung eines Prüfmanometers vorgesehen werden. (Österreichisches Bundesgesetz 83/1948 vom 17. April 1948, Dampfkesselverordnung und ergänzende Erleichterungen für Windkessel von Kreiselpumpen vom 18. Mai 1949 bzw. ,,Druckbehälterrichtlinien" vom Hauptverband der gewerblichen Berufsgenossenschaften e. V., Zentralstelle für Unfallverhütung, Bonn.)

Eine Pumpe, druckabhängige Ein- und Ausschaltung.

Für das vorher beschriebene Pumpwerk mit einer Pumpe bei druckabhängiger Ein- und Ausschaltung ergibt sich folgender Kessel:

$Q_e = 560$ l/min; $p_e = 3{,}55$ atü
$Q_a = 355$ l/min; $p_a = 5{,}0$ atü; $Q_a = 0{,}63 \cdot Q_e$

Aus Abb. 62 ergibt sich $x = 0{,}275$, aus Abb. 64 wird $k = 1{,}0$ abgelesen und mit einer gewählten stündlichen Schaltzahl $z = 10$ wird das notwendige Kesselgesamtvolumen

$$V = k \cdot \frac{18 \cdot Q_m}{x \cdot z} = 1{,}0 \cdot \frac{18}{0{,}275 \cdot 10} \cdot \frac{560 + 355}{2} = 2990 \text{ Liter.}$$

In der Normreihe der Kessel wird ein solcher von 3000 Liter Inhalt gewählt; entsprechend einem größtmöglichen Pumpendruck von 5,9 atü laut Abb. 59 und 63 ist er für einen Betriebsdruck von 6,0 atü zu bemessen. Der nutzbare Kesselinhalt beträgt bei Annahme eines Restvolumens von 16% ($R = 0{,}16\ V$) etwa $J = 2500$ Liter.

Bei kleinen Hauswasserpumpwerken, wo man, wie vorerwähnt, größere Schalthäufigkeit zulassen kann, trifft die anfangs zugrunde gelegte isotherme Luftverdichtung und Entspannung wohl nicht mehr zu, weil das Füllen und Entleeren des Kessels zu rasch vor sich geht, um die Kompressionswärme abgeben bzw. wieder aufnehmen zu können. Man merkt das daran, daß nach dem Ausschalten der Pumpe, vorausgesetzt, daß in diesem Zeitpunkt keine Wasserentnahme erfolgt, der Manometerzeiger vom Ausschaltdruck auf etwas geringeren Druck absinkt. Die verdichtete Luft gibt den letzten Rest der Kompressionswärme erst nach dem Ausschalten der Pumpe ab, sie kühlt auf die Wasser- oder Raumtemperatur ab. Weil hiebei das Luftvolumen gleich bleibt, entsteht die vom Manometer angezeigte geringe Druckverminderung.

Will man die Kesselgröße unbedingt sehr klein halten und hiebei dennoch eine geringe Schalthäufigkeit erreichen, dann ist in die Stichleitung, welche zum Kessel führt, eine Rückschlagklappe mit Umführungsleitung einzubauen, derart, daß der Einlauf in den Kessel gesperrt wird und nur durch die schwache Umführungsleitung gedrosselt erfolgen kann. Die Kesselentleerung kann bei vollem Querschnitt ungehindert stattfinden. Dadurch wird erreicht, daß die Kesselfülldauer infolge des stark gedrosselten Einlaufes bedeutend verlängert wird. Die Entleerzeit ist hiebei normal, aber, dem verwendeten kleinen Kessel entsprechend, selbstverständlich kürzer als bei einem nach der vorbeschriebenen Art bemessenen größeren Kessel.

Daraus ergibt sich für den kleinen Kessel mit in der Stichleitung eingebauter Rückschlagklappe samt schwacher Umführung bei entsprechend gedrosseltem Einlauf und verlängerter Füllzeit trotz verkürzter Entleerzeit die gleiche Dauer einer Schaltperiode wie bei einem größeren Kessel mit nicht gedrosselter Stichleitung. Das druckabhängige Schaltgerät muß hiebei unbedingt direkt an den Kessel angeschlossen werden.

Von der wirtschaftlichen Seite her gesehen zeigt sich, daß hiebei etwas größere Stromkosten für das geförderte Wasser entstehen, weil die Pumpe infolge des gedrosselten Einlaufes in den Kessel länger mit hohen Drücken arbeiten muß. Bei größeren Pumpwerken ist das sicher ein in die Waage fallender Nachteil. Bei kleinen Anlagen, z. B. bei Hauswasserpumpen, ist er ohne besondere Bedeutung und kann sogar durch den Vorteil geringeren Anschaffungspreises und mitunter des geringeren Raumbedarfes ausgeglichen werden. Von Nutzen kann diese Art der Verminderung der Schalthäufigkeit dann sein, wenn der Kessel zu klein bemessen war, oder beim Umbau einer Anlage von einer Pumpe mit kleiner Liefermenge auf eine solche mit größerer Liefermenge der vorhandene Kessel weiter verwendet werden soll.

Eine ähnliche Wirkung wird erreicht mit der liefermengenabhängigen Ausschaltung der Pumpe, wie im Kap. XI, B, beschrieben.

Wird der Kessel mittels einer Stichleitung an die Pumpendruckleitung angeschlossen, dann fließt nur ein Teil der geförderten Wassermenge in diesen hinein und wieder heraus. Wird der Kessel im Durchfluß eingebaut, dann fließt die gesamte Fördermenge hindurch. Im ersten Falle wird weniger Druckluft vom Wasser absorbiert, im zweiten Fall hingegen bedeutend mehr. Im allgemeinen empfiehlt sich daher der an eine Stichleitung angeschlossene Kessel, insbesondere dann, wenn das Ergänzen der Luft mittels Hand- oder Fußpumpe erfolgt.

Bei Verwendung selbsttätiger Belüftungseinrichtungen kann auch der im Durchfluß liegende Kessel verwendet werden. In manchen Fällen ist das sogar unbedingt erforderlich, damit die von der Wasserpumpe mitgeförderte Luft sicher in den Kessel gelangt und nicht auch in die Verbraucherleitung. Das Ausblasen von Druckluft an den Wasserleitungshähnen ist sehr unangenehm; außerdem leiden die Rohre durch das Hinzukommen von Luft.

Ganz allgemein sei hier erwähnt, daß manche Wässer bei Luftzutritt feste Bestandteile ausscheiden, welche sich in den Rohrleitungen absetzen, kleine Ventile verstopfen und dadurch zu Störungen Anlaß geben. Es soll daher bei der Wahl der Belüftungsart auf die Beschaffenheit des geförderten Wassers Bedacht genommen werden.

b) Die Belüftung des Windkessels.

Die beste Ausnützung eines Windkessels, seine größte Speicherfähigkeit zwischen Aus- und Einschaltdruck und damit die geringste Schaltzahl ist dann gegeben, wenn der Kessel richtig belüftet ist, wenn der nutzbare Kesselinhalt J auf den Einschaltdruck mit Druckluft vorgepreßt ist. Ein Kessel, der zu wenig Luft enthält, kommt in seiner Wirkung in bezug auf die Schalthäufigkeit der Pumpe einem entsprechend kleineren Kessel gleich.

Einen übergroßen Windkessel zu wählen und diesen nur wenig zu belüften, ist eine Materialverschwendung. Man glaube nicht, daß die dadurch bedingte größere Restwassermenge im Kessel eine ins Gewicht fallende Speichermenge darstellt, welche z. B. beim Stromloswerden der Anlage den Bedarf für längere Zeit decken könnte. Ein Druckwindkessel hat nur die eine Aufgabe, die Schalthäufigkeit der Pumpe zu regeln und in den zulässigen Grenzen zu halten.

Deshalb muß bei jeder Pumpanlage mit Windkessel für eine einwandfreie Belüftung desselben Sorge getragen werden. Hiebei ist zu bedenken, daß der Kessel nicht nur einmalig, bei der ersten Inbetriebsetzung, mit Preßluft zu füllen ist, sondern daß die sich ständig im Wasser lösende und mit dem abfließenden Wasser verlorengehende Luft zeitweilig zu ergänzen ist. Die Lösungsfähigkeit des Wassers hängt ab von der Temperatur, vom Druck und von dem Luftsättigungsgrad des Wassers, bevor es in den Kessel fließt. Manche Wässer lösen zusätzlich noch viel Luft, andere wieder weniger.

Die ordnungsgemäße Belüftung des Kessels bei der erstmaligen Inbetriebsetzung geschieht folgendermaßen:

Mit der Wasserpumpe wird Wasser in den Kessel gefördert, bis es den Rohranschlußstutzen überflutet. (Sollwasserstand beim Einschaltdruck.) Dann wird mittels der Belüftungsvorrichtung so lange Luft eingepumpt, bis das Manometer den Einschaltdruck p_e im Beispielsfalle von 3,35 atü anzeigt. Damit ist der Kessel richtig belüftet und die Anlage betriebsbereit.

Die Belüftung des Kessels kann durch Betätigen entsprechender Vorrichtungen oder automatisch erfolgen. Weiters unterscheidet man Vorrichtungen, welche unabhängig von der Wasserpumpe sind, und solche, die von ihr entweder direkt oder unter Ausnützung einer an der Pumpe oder in der Druckleitung entstehenden Druckdifferenz betätigt werden.

Die einfachste Kesselbelüftung erfolgt mittels einer hand- oder fußbetätigten Luftpumpe. Diese Art wird wegen ihrer Beschwerlichkeit nur bei kleinen Kesseln angewendet.

Größere Kessel können aus Druckluftflaschen, wie solche in Industriebetrieben häufig auch anderweitig nötig sind, belüftet werden.

Große Kessel erfordern schon ganz bedeutende Luftmengen. Zur Belüftung verwendet man gewöhnlich Elektrokompressoren. Diese können auch automatisch mittels geeigneter Steuerorgane in Abhängigkeit vom Wasserstand im Kessel betrieben werden, jedoch macht man hievon äußerst selten Gebrauch.

Eine weitere Möglichkeit zur Belüftung kleinerer oder mittlerer Kessel ist die mit einer Wasserstrahlpumpe in Ausnützung der vollen oder nur eines Teiles der Pumpenliefermenge. Diese Art kann auch automatisch gestaltet werden.

Die technische Entwicklung geht dahin, bei kleineren und mittelgroßen Pumpanlagen die Kesselbelüftung möglichst vollautomatisch zu gestalten, um die Wartung der Anlage zu vereinfachen und jede mangelhafte Belüftung mit den damit verbundenen Folgen zu großer Schalthäufigkeit von vornherein auszuschalten. Hiebei geht man von dem Gedanken aus, dem Kessel bei jedesmaliger Schaltung eine geringe Luftmenge zuzuführen, so daß er nach einer bestimmten Schaltzahl richtig vollbelüftet ist. Die Belüftungsvorrichtung muß aber so beschaffen sein, daß bei vollbelüftetem Kessel die Belüfterwirkung aufhört oder die überschüssig geförderte Luft aus dem Kessel abgeblasen wird, damit sie nicht in die Verbraucherleitung gelangt. Die Entwicklung auf diesem Gebiet ist aber noch nicht abgeschlossen und es wurden noch nicht alle Möglichkeiten praktisch erschöpft und ausgewertet.

Bei den luftansaugenden, gewöhnlich als selbstansaugend bezeichneten Pumpen, die nach dem Grundprinzip der Wasserringpumpe gebaut sind, kann eine selbsttätige Kesselbelüftung mit Hilfe eines am Saugstutzen der Pumpe angebrachten Schnüffelventils erfolgen. Diese Pumpenart ist imstande, geringe Luftmengen ohne Beeinträchtigung der Wasserförderung mitzusaugen. Durch eine richtige Regulierung der Luftmenge wird dem Kessel ständig eine geringe Luftmenge zugeführt. Die gleiche Art kann auch bei Kolbenpumpen verwendet werden. Bei normalen Kreiselpumpen darf aber keine Luft in das Laufrad gelangen, sie würde, wie schon an anderer Stelle erwähnt, versagen.

Bei Kreiselpumpen besteht eine Möglichkeit der selbsttätigen Belüftung darin, in der Pumpendruckleitung zwischen Pumpe und Kessel einen Teil der Leitung oder eine Erweiterung in ihr so zu gestalten, daß daraus nach dem Abschalten der Pumpe das Wasser ausfließt, Luft eingesaugt wird und diese beim Einschalten der Pumpe vor dem geförderten Wasser her in den Windkessel gedrückt wird.

Weitere Möglichkeiten nützen die Saugspannung am Saugstutzen der Pumpe — den Druckunterschied gegenüber der Atmosphäre — oder den Druckunterschied zwischen Saug- und Druckstutzen oder auch künstlich geschaffene Druckunterschiede, z. B. zwischen Pumpendruckleitung und Windkessel zur Betätigung einer Luftpumpe.

Nachstehend sollen die wichtigsten und praktisch angewandten Belüftungsarten näher erläutert werden.

Die hand- oder fußbetätigte Luftpumpe ist allgemein bekannt und die Belüftung aus einer Druckluftflasche so einfach, daß sich eine nähere Beschreibung erübrigt.

Der Elektrokompressor ist ebenfalls hinlänglich bekannt, so daß es nur wichtig erscheint, seine Größe, sein erforderliches Hubvolumen entsprechend der Kesselgröße zu bestimmen. Hiezu diene folgende Überlegung:

Beim Beginn der Luftkompression steht ein Luftvolumen gleich dem nutzbaren Kesselinhalt J unter dem atmosphärischen Druck p_{at}. Dieser kann mit 1 ata, entsprechend 735 mm HgS angenommen werden. Am Ende der Belüftung steht ein gleiches Luftvolumen unter dem Einschaltdruck p_e in atü bzw. p_e' in ata, dem ein vielfaches Volumen bei atmosphärischem Druck entspricht.

$$p_e' \cdot J = p_{at} \cdot y \cdot J$$

für $p_{at} = 1$ wird $y \cdot J = p_e' \cdot J$.

Die zum Vorpressen des Kessels erforderliche Luftmenge M ist gleich der Differenz aus der am Ende der Kompression vorhandenen, auf Atmosphärendruck reduzierten Luftmenge $y \cdot J$ und der bei Beginn der Kompression vorhanden gewesenen Menge J.

Eine Pumpe, druckabhängige Ein- und Ausschaltung. 77

$$M = y \cdot J - J = p_e' \cdot J - J = (y-1) \cdot J = (p_e' - 1) \cdot J = p_e \cdot J.$$

Um den Druck im Kessel jeweils um 1 at zu erhöhen, ist immer die gleiche atmosphärische Luftmenge J erforderlich.

Bezeichnet man mit

t = gewünschte Füllzeit des Kessels durch den Kompressor in Minuten,

$\dfrac{M}{t}$ = notwendige minutliche Ansaugmenge des Kompressors in Liter je Minute,

η_v = mittlerer volumetrischer Wirkungsgrad des Kompressors (Verhältnis der tatsächlich angesaugten Menge zum minutlichen Hubvolumen V_H),

dann ist

$$V_H = \frac{M}{t} \cdot \frac{1}{\eta_v} = \frac{1}{\eta_v} \cdot \frac{J \cdot p_e}{t}$$

in Liter je Minute.

Mit Hilfe dieser Gleichung kann der für eine bestimmte Kesselgröße notwendige Kompressor ermittelt werden.

Der mittlere volumetrische Wirkungsgrad beträgt hiebei:

bei einer Verdichtung bis 2 atü = 0,85
bei einer Verdichtung bis 3 atü = 0,835
bei einer Verdichtung bis 4 atü = 0,81.

Bei kleinen Kompressoren ist er oft bedeutend geringer.

Als Füllzeiten wähle man

bei großen Kesseln eine solche von .... 2 bis 3 Stunden,
bei mittleren Kesseln eine solche von .... 1 bis 2 Stunden,
bei kleinen Kesseln eine solche von.......... $\frac{1}{2}$ bis 1 Stunde.

Abb. 65 zeigt die Abhängigkeit der Kesselfüllzeit t vom Kesseldruck p für einen Kessel von $V = 5000$ Liter Gesamtinhalt und einem nutzbaren Inhalt von $J = 4200$ Liter bei Belüftung durch einen Kompressor mit einem minutlichen Hubvolumen von $V_H = 275$ l/min. Der Druck im Kessel steigt anfangs rein proportional mit der Zeit und erst bei höheren Drücken ist eine Abweichung von der Proportionalität festzustellen. Die Fülldauer bis zum Einschaltdruck von 4,5 atü beträgt 90 Minuten.

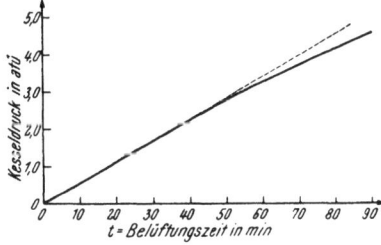

Abb. 65. Belüften eines Windkessels mittels Kompressors.

Bei kleinen Kesseln bis etwa 300 l Inhalt ist die Wasserstrahlpumpe, auch als Luftmitreißer oder Luftinjektor bezeichnet, ein billiges Gerät zur Kesselbelüftung. Die Abb. 66 und 67 zeigen Ausführungsbeispiele hiefür. Der Luftinjektor wird zwischen Pumpendruckstutzen und Windkessel angeordnet. Ein Umschalthahn lenkt das von der Pumpe geförderte Wasser einmal direkt in den Kessel (normaler Pumpbetrieb), in der anderen Stellung aber durch die Strahlpumpe. Gleichzeitig gibt der

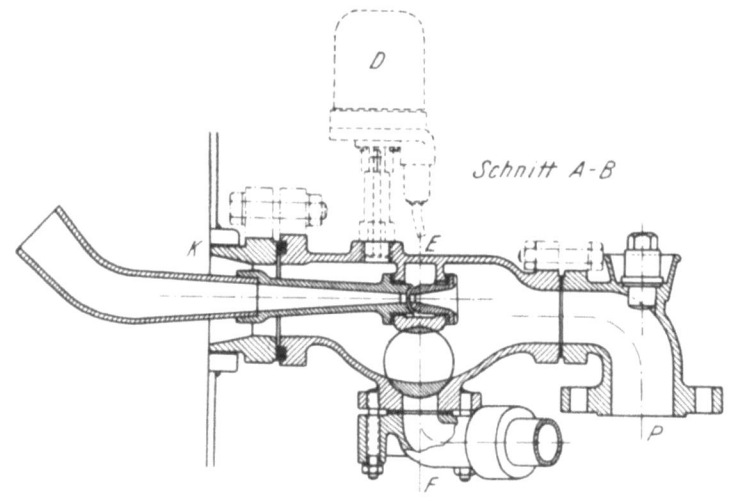

Abb. 66. Luftinjektor der Garvenswerke.

Umschalthahn einen Rücklauf vom Kessel zur Ansaugseite der Pumpe frei, so daß das von der Pumpe durch die Strahlpumpe geförderte Wasser ständig im Kreislauf fließt. Aus der Saugleitung wird hiebei kein Wasser angesaugt. Das Wasser wird zuerst durch eine Geschwindigkeitsdüse gepreßt, gelangt dann nach kurzem, freiem Strahl in eine Fangdüse, die in eine sich erweiternde Druckdüse übergeht, in welcher die Geschwindigkeit wieder in Druck umgesetzt wird. Der freie Strahl zwischen Geschwindigkeits- und Fangdüse reißt Luft mit, die durch ein Schnüffelventil angesaugt wird, so daß ständig Luft in feinen Bläschen mitgefördert wird. Diese scheidet sich im Kessel aus dem Wasser ab, und luftfreies Wasser fließt zur Ansaugseite der Pumpe zurück. Nach Beendigung der Belüftung wird der Hahn in seine Normalstellung gedreht und die Pumpanlage ist betriebsbereit.

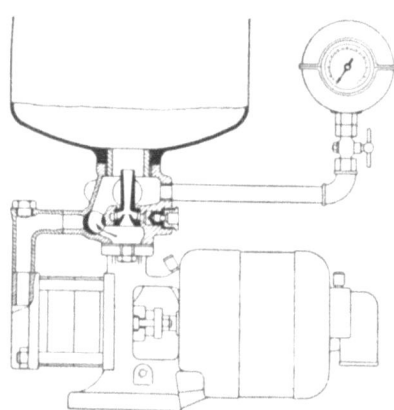

Abb. 67. Luftinjektor von Vogel.

Wird in einer der gezeichneten Vorrichtungen an Stelle des Umschalt-

Eine Pumpe, druckabhängige Ein- und Ausschaltung. 79

hahnes bei Wegfall der Rücklaufleitung eine Rückschlagklappe derart eingebaut, daß sie den Einlauf von der Pumpe in den Kessel sperrt und nur den Auslauf freigibt, dann arbeitet die Belüftung automatisch, wenn die Verbraucherleitung nicht vom Kessel, sondern vom Pumpendruckstutzen abgezweigt wird. Ist der Wasserverbrauch gering, dann fördert die Pumpe den Überschuß durch die Strahlpumpe in den Kessel und belüftet ihn bei jeder Schaltung. Vorausgesetzt muß aber eine genügende Druckdifferenz zwischen Pumpe und Kessel werden, die zur richtigen Funktion der Strahlpumpe erforderlich ist. Bei steigendem Kesseldruck setzt die Luftförderung aus. Will man eine derartige Vorrichtung auch zum erstmaligen vollständigen Auffüllen des Kessels mit Luft verwenden, dann ist zwischen Kessel und Saugseite der Pumpe zusätzlich eine Rücklaufleitung mit eingebautem Absperrventil vorzusehen. Hiedurch ist neben der automatischen Belüftung auch eine solche nach der vorbeschriebenen Art möglich.

Die automatische Kesselbelüftung mittels Belüftertopf zwischen Pumpe und Kessel bewährt sich besonders bei Unterwasserpumpen. In die Steigleitung im Brunnen, gewöhnlich nahe dem oberen Ende derselben, wird der in Abb. 68 dargestellte Topf eingebaut. Er enthält im oberen Teil ein Rückschlagventil, das nach dem automatischen Ausschalten der Pumpe durch den Druckschalter schließt. Das im unteren Teil des Topfes angeordnete Ventil wird durch eine Feder gehoben und gibt den Wasserablauf frei. Durch ein im oberen Teil des Topfes eingebautes Schnüffelventil, wegen des erwünschten geringen Widerstandes gewöhnlich als Kugelventil ausgebildet, strömt Luft in den Kessel, bis er gefüllt ist. Beim Wiedereinschalten der Pumpe drückt das in den Topf einfließende Wasser die Luft nach oben, preßt sie zusammen und fördert sie mit in den Kessel. Gleichzeitig fließt etwas Wasser durch das im unteren Teil des Topfes befindliche, durch Federkraft gehobene Abflußventil, bis es der Strömungsdruck schließt. Während der Pumpenförderung bleibt es geschlossen. Wichtig ist, daß der Teller dieses Ventils eine schwache Durchbohrung oder der Sitz einen kleinen Schlitz erhält, durch welche nach dem Ausschalten der Pumpe der Belüftertopf drucklos wird, sonst kann sich das Ablaßventil trotz Federdruck nicht öffnen.

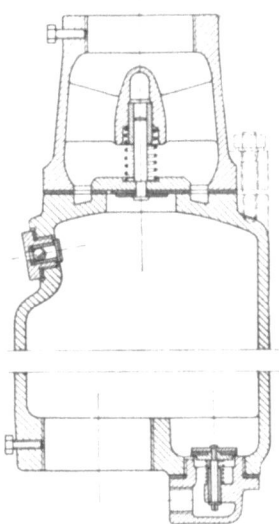

Abb. 68.
Belüftertopf der Garvenswerke.

Eine Vereinfachung ist dadurch gegeben, daß als Topf ein Teil der Steigleitung verwendet wird und der Ablauf hieraus durch die Pumpe erfolgt. Diese darf dann an ihrem Druckstutzen kein Rückschlagventil erhalten, wie das beim getrennten Belüftertopf notwendig ist. In die

Steigleitung, etwa 1,5 bis 2 m über dem Brunnenwasserspiegel, wird ein Rückschlagventil, wie in Abb. 69 gezeigt, eingebaut, das in seinem Unterteil unterhalb des Ventils ein Schnüffelventil besitzt. Beim automatischen Ausschalten der Pumpe schließt sich das Rückschlagventil, das darunter befindliche Wasser des Steigrohres fließt durch die Pumpe in den Brunnen zurück, bis es gleich hoch steht wie im Brunnen, während gleichzeitig Luft eingeschnüffelt wird. Beim Wiedereinschalten wird die im Steigrohr befindliche Luft vor dem Wasser her in den Windkessel gefördert. Diese Anordnung kann nur dann gewählt werden, wenn der Brunnenwasserspiegel nicht allzu großen Schwankungen unterworfen ist. Sie versagt jedenfalls, wenn das Schnüffelventil unter Wasser kommt. Wird das Schnüffelventil zu hoch eingebaut, dann wird zuviel Luft mitgefördert. Kann das Rückschlagventil aus irgendwelchen Gründen nur knapp oberhalb des Wasserspiegels eingebaut werden, geringe Spiegelschwankungen vorausgesetzt, dann kann die Luftmenge durch Erweiterung des Steigrohres vergrößert werden.

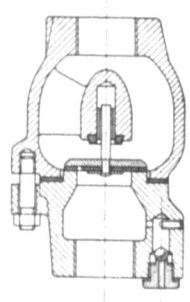

Abb. 69. Rückschlagventil mit Belüftungsventil der Garvenswerke.

Aus der Schilderung dieser Belüftungsart ist zu erkennen, daß die Pumpendruckleitung unbedingt zuerst in den Kessel führen muß und die Verbraucherleitung erst vom Kessel abzweigen darf. Würde der Kessel mittels einer Stichleitung an die Pumpendruckleitung angeschlossen, dann würde ein Teil der bei jeder Schaltung mitgeförderten Luft in die Verbraucherleitung gelangen.

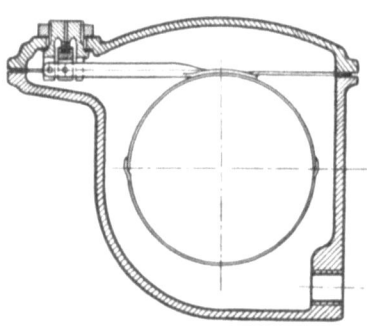

Abb. 70. Wasserstandsregler (Luftwart) von Vogel.

Es dürfen daher an die Druckleitung zwischen Pumpe und Kessel nur solche Verbraucher angeschlossen werden, bei denen Luftmitförderung nicht schadet, z. B. bei Gartenhydranten. Beim Gartenspritzen empfiehlt es sich, wie schon früher erwähnt, die Pumpe auf Dauerlauf zu schalten, wodurch das automatische Ein- und Ausschaltspiel und damit die Luftmitfuhr verhindert wird.

Da bei jeder Schaltung eine beträchtliche Luftmenge in den Kessel gelangt, wird dieser schon nach einer verhältnismäßig geringen Schaltzahl voll belüftet sein. Die weitere Luftförderung kann aber nicht unterbunden werden. Es muß aber verhindert werden, daß die überschüssige Luft aus dem Kessel in die Verbraucherleitung gelangt. Die überschüssige Luft muß aus dem Kessel abgeblasen werden. Dies geschieht mittels eines Luftmengenreglers, der, weil er auch den Wasserstand im Kessel auf ein bestimmtes Mindestniveau einstellt, auch als Wasserstandsregler bezeichnet wird. Er besteht, wie in Abb. 70 dargestellt, aus einem Topf,

Eine Pumpe, druckabhängige Ein- und Ausschaltung. 81

der am Windkessel in entsprechender Höhe angeschlossen wird. In ihm ist ein Schwimmerventil mit dem Austritt nach oben angeordnet. Bei Luftüberschuß im Kessel gelangt diese in den Topf, der Schwimmer sinkt ab, das Ventil öffnet sich, die Luft wird abgeblasen. Nun sinkt der

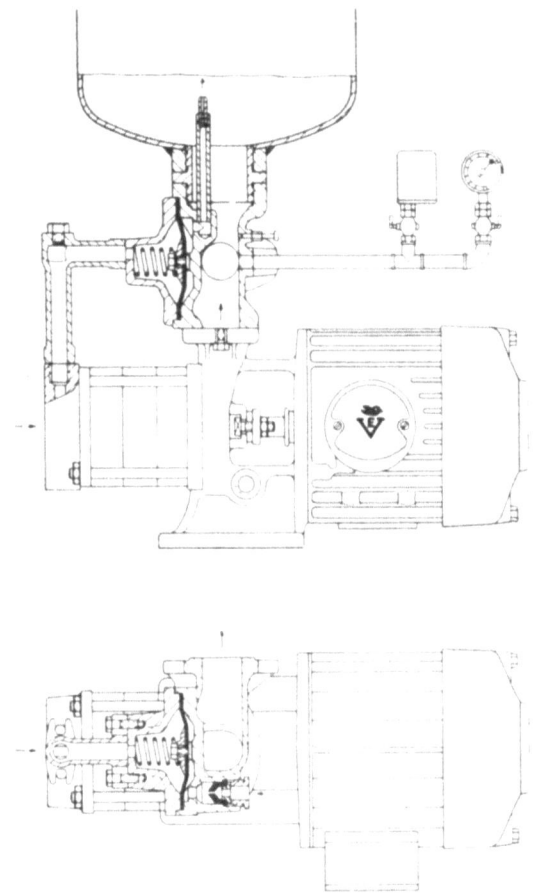

Abb. 71. Selbsttätiger Membranbelüfter von Vogel.

Druck im Kessel bis auf den Pumpeneinschaltdruck, die Pumpe läuft an und fördert. Das Wasser dringt auch in den Topf, hebt den Schwimmer und das Ventil wird geschlossen.

Ein Gerät zur automatischen Kesselbelüftung unter Ausnutzung der Saugspannung am Pumpensaugstutzen während des Pumpenbetriebes zeigt Abb. 71. Es besteht aus einer Membranpumpe, deren Ansaugventil ein Schnüffelventil (Gummilippenventil) ist und dessen Druckventil durch eine kleine Düse ersetzt ist. Diese Düse ragt, am oberen Ende eines Röhrchens eingebaut, in den darüber angeordneten Druckwindkessel so weit hinein, als der niederste Wasserspiegel beim Einschaltdruck erwünscht ist. Die zweite Seite der Membrane ist mit der Ansaugseite der Pumpe verbunden. Eine Spiralfeder drückt die Membrane bei Druckgleichheit auf beiden Seiten gegen die Pumpenseite der Membranpumpe. Die Arbeitsweise ist folgende:

Wird die Kreiselpumpe durch den Druckschalter automatisch eingeschaltet, dann tritt, entsprechend der vorhandenen Saughöhe auf der einen Seite der Membrane, ein Unterdruck auf, die Membrane wird rasch angesaugt, die Feder hiebei zusammengedrückt. Gleichzeitig entsteht auf der anderen Seite der Membrane ein Unterdruck, als dessen Folge durch das Schnüffelventil Luft eingesaugt wird. Der Wassereinfluß aus dem Kessel ist durch die kleine Düse so stark gedrosselt, daß während des raschen Hubes der Membrane nur wenige Tropfen eindringen können. Nach Beendigung des Ansaughubes der Membrane dringt durch die Düse langsam Wasser in den Arbeitsraum der Membranpumpe, komprimiert die darin befindliche Luft, bis Druckgleichheit mit dem Windkessel eintritt. Nach dem Ausschalten der Pumpe durch den Druckschalter hört der Unterdruck an der Saugseite der Kreiselpumpe auf, es herrscht Druckgleichheit mit dem Kessel. Die Spiralfeder drückt die Membrane in ihre Anfangsstellung, die im Arbeitsraum befindliche Luft wird in den Kessel gedrückt. Auf diese Weise wird bei jeder Schaltung eine geringe Luftmenge in den Windkessel gedrückt. Ist im Kessel genügend Luft angesammelt, so daß der Wasserspiegel beim Einschaltdruck die kleine Düse erreicht, dann wird von der Membranpumpe keine Luft mehr von außen eingesaugt. Gegen das Durchströmen von Luft bildet die Düse keinen nennenswerten Widerstand und beim Arbeitshub der Membrane wird Luft aus dem Kessel zurückgesaugt.

Diese Belüftungsvorrichtung arbeitet nur dann, wenn während des Laufes der Kreiselpumpe eine bestimmte Mindestsaughöhe am Ansaugstutzen der Pumpe auftritt. Ist die Saughöhe sehr gering oder Zulauf vorhanden, dann kann diese Vorrichtung nicht verwendet werden, ohne daß mittels einer Drosselblende künstlich Saugspannung erzeugt wird.

Der Kesselbelüfter nach Abb. 72 nützt ebenfalls die Saugspannung an der Saugseite einer Pumpe zur automatischen Kesselbelüftung. Der obere Teil eines zweiteiligen Topfes wird durch eine Gummihautmembrane in zwei Räume geteilt. Der Raum oberhalb der Membrane wird mit der Pumpensaugseite verbunden, der Raum unter ihr ist über eine Schrägbohrung und eine Vertikalbohrung einerseits über ein Gummilippenventil mit der Außenluft und über ein zweites Lippenventil mit dem zweiten, dem unteren Topfteil in Verbindung. Der untere Teil des Belüftertopfes ist über ein weiteres Ventil mit der Druckleitung zwischen Pumpe und Windkessel verbunden.

Wird die Pumpe vom Druckschalter eingeschaltet, dann wird infolge des am Saugstutzen herrschenden Unterdruckes die Gummimembrane hochgezogen und durch das erste Lippenventil atmosphärische Luft in den Raum unter der Membrane eingesaugt. Der Druck in ihm wird

Eine Pumpe, druckabhängige Ein- und Ausschaltung.

etwas unterhalb des atmosphärischen Druckes liegen. Steigt der Druck im Windkessel, bis schließlich der Druckschalter die Pumpe ausschaltet, dann herrscht auch an der Pumpensaugseite der volle Kesseldruck, der nun auf die Oberseite der Membrane wirkt, diese nach unten drückt und die unter der Membrane befindliche Luft komprimiert. Diese entweicht über das zweite Lippenventil in den unteren Teil des Belüftertopfes, der als Zwischenbehälter dient. Wenn sich dieser Vorgang mehrmals wiederholt hat, wird die im unteren Topfteil befindliche Luft annähernd auf den Ausschaltdruck verdichtet sein. Wenn nun im Windkessel und damit auch in der Verbindungsleitung zwischen ihm und dem Pumpendruckstutzen wegen Wasserverbrauches der Druck sinkt, bis schließlich auf den Einschaltdruck, dann strömt ein Teil der gesammelten Luft durch das dritte Ventil in die Verbindungsleitung und in den Kessel. Bei jedesmaligem Einschalten der Pumpe wird eine bestimmte Menge Luft angesaugt, beim Ausschalten der Pumpe in den Zwischenbehälter gedrückt und vor und beim Wiedereinschalten der Pumpe in den Kessel geleitet.

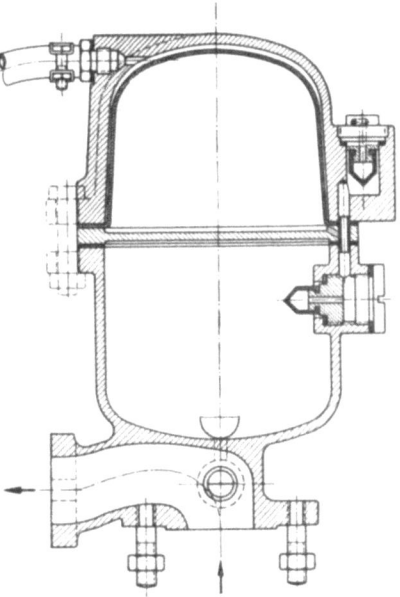

Abb. 72. Selbsttätiger Membranbelüfter der Garvenswerke.

Auch diese Vorrichtung erfordert unbedingt eine bestimmte Mindestsaugspannung an der Pumpe. Bei einer geringeren Saughöhe als einer solchen, die dem Lufteinsaugwiderstand des Lippenventils gleich ist, oder bei Wasserzulauf zur Pumpe versagt sie.

Diese Vorrichtung fördert bei jeder Schaltung ein ansehnliches Luftquantum in den Kessel, auch dann, wenn dieser bereits vollbelüftet ist. Um zu verhüten, daß überschüssig geförderte Luft in die Verbraucherleitung gelangt, ist ein Wasserstandsregler oder Luftwächter nach Abb. 70 an den Kessel anzubauen.

Es lassen sich noch eine ganze Reihe weiterer automatischer Belüftungsvorrichtungen entwickeln, z. B. solche unter Ausnützung der Druckdifferenz zwischen Saug- und Druckanschluß der Kreiselpumpe oder, was ähnlich ist, zwischen Sauganschluß und Windkessel, oder aber auch unter Nutzung künstlich geschaffener Druckunterschiede.

Die in Abb. 73 dargestellte automatische Belüftungsart nützt den Unterdruck in der Saugleitung zum Ansaugen von Luft. Ein kleiner Behälter B ist von seinem oberen Teil weg mit dem Windkessel WK, von seinem unteren Teil weg mit der Pumpensaugleitung verbunden. In die Verbindungsleitung mit dem Kessel ist eine Drosselstrecke gelegt, auf den Behälter ist ein Schnüffelventil S aufgesetzt. Der Behälterrücklauf zur Saugleitung der Pumpe wird von einem Schwimmerventil Sch geregelt. Beim Stillstand der Pumpe herrscht im Behälter der gleiche Druck wie im Kessel, er ist mit Wasser gefüllt. Nach dem Einschalten der Pumpe saugt diese nicht nur das Wasser aus dem Brunnen, sondern auch das Wasser aus dem Behälter an, wobei durch das Schnüffelventil Luft eingesaugt wird. Durch die Drosselstrecke strömt nur wenig Wasser aus dem Kessel in den Behälter, das aber ebenfalls von der Pumpe weggesaugt wird, bis schließlich soviel Luft angesammelt ist, daß sich das Schwimmerventil auf seinen Sitz legt und den Ansaugvorgang unterbricht. Dieses Ventil muß unbedingt einwandfrei schließen, sonst tritt die Luft aus dem Behälter in die Pumpensaugleitung und die Förderung reißt ab. Vom Windkessel her wird der Behälter mit Wasser gefüllt und die Luft auf den Kesseldruck verdichtet. Nach dem Ausschalten der Pumpe wird die Luft in den Kessel gedrückt, während Wasser vom Kessel durch die Pumpe von unten her in den Behälter fließt und das Ventil anhebt. Dieser Vorgang wiederholt sich bei jedem selbsttätigen Ein- und Ausschaltspiel.

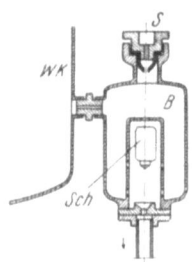

Abb. 73. Selbsttätiger Kesselbelüfter zwischen Pumpensaugseite und Kessel.

Wird an Stelle der Drosselstrecke zwischen Windkessel und Behälter eine kleine Wasserstrahlpumpe mit Schnüffelventil, ähnlich derjenigen in Abb. 66 und 67, aber ohne Umschalthahn und für die Fließrichtung vom Windkessel zum Behälter eingebaut, dann kann der Behälterauslauf zur Saugleitung so weit gedrosselt werden, daß im Behälter an Stelle eines Unterdruckes ein Überdruck auftritt. Die angesaugte Luftmenge wird in der Druckumsetzungsdüse der Strahlpumpe verdichtet, so daß das angesaugte Luftgewicht gegenüber der Anordnung ohne Wasserstrahlpumpe bedeutend vergrößert wird. Diese Vorrichtung kann auch bei Wasserzulauf zur Pumpe verwendet werden. Sie nützt den Druckunterschied zwischen dem Windkessel und einer Stelle vor dem Wassereintritt in die Pumpe.

Wie bei der Vorrichtung nach Abb. 71 setzt auch hier die Kesselbelüftung aus, wenn der Kessel vollbelüftet ist.

Es sei hier noch auf eine einfache Art der Vorbelüftung bei der erstmaligen Inbetriebsetzung eines Pumpwerkes hingewiesen, die dann angewendet werden kann, wenn zwei Windkessel verwendet werden, was bei größeren Pumpwerken gewöhnlich der Fall ist. Zu diesem Zwecke wird ein Kessel wasserseitig abgesperrt und in den zweiten mittels einer der Betriebspumpen Wasser gefördert. Die Luft dieses Kessels wird über die Luftausgleichsleitung in den ersten Kessel gepreßt und verdichtet. Hiebei darf der zweite Kessel nicht ganz voll mit Wasser gefüllt werden, weil sonst als Folge der plötzlichen Drosselung der Wasserförderung beim Überfließen von Wasser durch die Ausgleichsleitung ein Wasserschlag

Eine Pumpe, druckabhängige Ein- und Ausschaltung. 85

auftritt, der dem Kessel, den Armaturen, Manometern und Druckschaltern gefährlich werden kann. Nach diesem Vorgang ist die Luftausgleichsleitung zu sperren und das Wasser aus dem zweiten Kessel durch die an jedem größeren Kessel vorgeschriebene Entleerungsöffnung abzulassen. Das erfordert das Einlassen von Luft an irgendeiner Stelle des Windkessels. Der Vorgang kann so oft wiederholt werden, bis im ersten Kessel der mit der Betriebspumpe erreichbare Höchstdruck, selbstverständlich unter Berücksichtigung des zulässigen Kesselbetriebsdruckes, herrscht. Die dann auf die volle Belüftung beider Kessel noch fehlende Luftmenge ist mittels eines Kompressors nachzupumpen. Der Wert der gezeigten Vorbelüftungsart liegt darin, daß mit ihr die Belüftungszeit verkürzt und mit einem kleineren Kompressor das Auslangen gefunden werden kann. Eine Kesselvollbelüftung ist ohne Kompressor nicht möglich.

c) Druckluftsperrventile.

Beim Stromloswerden einer Pumpanlage mit Druckwindkessel fällt die Wasserversorgung der Verbraucher aus, weil die Pumpen nicht laufen und ein Vorrat nicht vorhanden ist. Werden in diesem Falle Auslaufhähne geöffnet, dann fließt zuerst noch die gerade im Kessel vorhandene Wassermenge aus, dann aber entweicht die Druckluft.

Bei Kleinanlagen mit automatischer Kesselbelüftung wird der notwendige Luftpolster selbsttätig wieder ergänzt, so daß keinerlei Störung des Betriebes eintritt, abgesehen von der unangenehmen Tatsache, daß die entwichene Luft zu den Auslaufstellen gelangt.

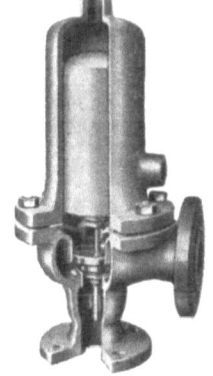 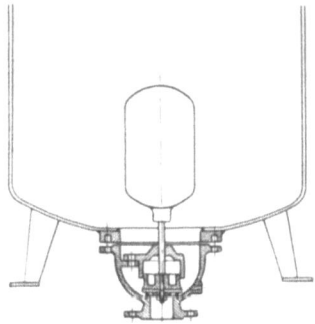

Abb. 74. Druckluftsperrventil von Schneider und Helmecke.   Abb. 75. Luftabschlußventil von Vogel.

Bei mittleren und größeren Anlagen, insbesondere bei Pumpwerken für Ortschaften und Industrien, muß aber das Entweichen der Luft aus dem Windkessel in die Verbraucherleitung unbedingt vermieden werden, einerseits, weil das Ergänzen des Luftpolsters zusätzliche Arbeit bei der Wartung des Pumpwerkes bedeutet und diese außerdem möglichst bald nach der Wiederingangsetzung erfolgen soll, und zweitens, weil die entwichene Luft in der Verbraucherleitung nicht nur unangenehm ist, sondern auch zu Schäden an Installationsanlagen, wie z. B. an Heißwasseranlagen, führen kann. Deshalb sind Druckluftsperr- oder Luftabschlußventile erforderlich.

Diese sind Schwimmerventile, welche die Ablaufleitung aus dem Windkessel schließen, wenn der Wasserstand eine bestimmte Mindesthöhe unterschreitet. Sie verhindern dadurch das Entweichen der Druckluft.

Abb. 74 zeigt ein Druckluftsperrventil für Außenanbau an den Windkessel. Dieses erfordert zwei schwache Verbindungsleitungen mit dem Kessel.

Abb. 75 zeigt ein Luftabschlußventil für Einbau in den Windkessel, wobei der Wasseranschluß von unten erfolgt.

Es empfiehlt sich, den Windkessel mittels Stichleitung an die Pumpendruckleitung anzuschließen und in diese die Luftabschlußvorrichtung einzubauen, damit beim Stromloswerden der Anlage die Luft nicht in die von der Pumpe kommende Leitung entweichen kann und nur die vom Kessel abgehende Verbraucherleitung allein gesperrt wird.

B. Pumpwerk mit einer Pumpe bei druckabhängiger Einschaltung und liefermengenabhängiger Ausschaltung.

Beschreibung und Arbeitsweise. Als druckabhängiges Steuerorgan kann ein gewöhnlicher Druckschalter oder ein Kontaktmanometer, angeschlossen an den Windkessel, verwendet werden. Grundsätzlich kann aber auch ein Verbrauchsdruckschalter in Verbindung mit einem Venturirohr, eingebaut in die vom Pumpwerk abgehende Verbraucherleitung, oder ein Druckschalter in Verbindung mit einem Doppelventurirohr ebenso Anwendung finden. Das druckabhängige Steuergerät muß aber gewöhnlich die wichtige Voraussetzung erfüllen, auf geringe Druckunterschiede zwischen Ein- und Ausschaltdruck einstellbar zu sein.

Das mengenabhängige Steuerorgan, am einfachsten eine Schalterklappe, wird in die Pumpendruckleitung zwischen Pumpe und Stichleitung zum Kessel eingebaut. An Stelle der Schalterklappe kann aber auch jedes andere mengenabhängige Steuerorgan verwendet werden.

Im elektrischen Schaltplan Abb. 76 ist sowohl die Leitungsführung bei Verwendung eines Kontaktmanometers als auch jene für den Druckschalter eingezeichnet. Bei Verwendung eines Kontaktmanometers müssen die elektrischen Kontakte der Schalterklappe bei Wasserdurchfluß öffnen, bei Verwendung eines Druckschalters hingegen schließen.

Die Arbeitsweise ist folgende. Sinkt der Druck im Kessel infolge Wasserentnahme, bis schließlich der Einschaltdruck erreicht wird, dann berührt der bewegliche Zeiger des Kontaktmanometers den Unterwertschließkontakt, das Zwischenrelais zieht an und schließt den Steuerstromkreis des Motoranlassers, die Pumpe läuft an und fördert. Die Schalterklappe hebt an und öffnet ihre Kontakte. Auch wenn der Druck im

Eine Pumpe, druckabhängige Ein-, liefermengenabhängige Ausschaltung. 87

Kessel bei geringer Wasserentnahme ansteigt, bleibt zunächst der Ausschaltimpuls des Kontaktmanometers unwirksam, weil in Reihe mit dem Oberwertschließkontakt des Kontaktmanometers die noch geöffneten Kontakte der Schalterklappe liegen. Erst wenn bei weiter ansteigendem Druck die Pumpenliefermenge auf den gewählten Minderwert, im Beispielsfalle nach Abb. 77 auf 300 l/min sinkt, schließt die Klappe ihre Kontakte, so daß nunmehr der Ausschaltimpuls des Kontaktmanometers wirksam wird. Die Spule des Zwischenrelais wird kurzgeschlossen, das Schütz fällt ab und unterbricht den Steuerstromkreis des Motoranlassers, die Pumpe wird ausgeschaltet.

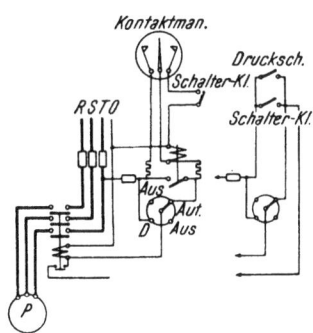
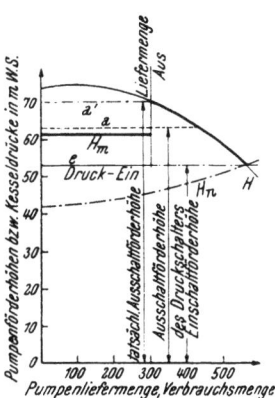

Abb. 76. Elektrisches Schaltbild für druckabhängige Ein- und liefermengenabhängige Ausschaltung einer Pumpe.

Abb. 77. Hydraulisches Arbeitsbild eines Pumpwerkes nach Kap. XI, B.

Wird ein Druckschalter verwendet, dann müssen dessen Kontakte zu jenen der Schalterklappe parallel geschaltet werden. Beim Erreichen des Einschaltdruckes im Kessel schließt der Druckschalter seine Kontakte und damit den Steuerstromkreis des Motoranlassers. Die Pumpe fördert, die Schalterklappe hebt an und schließt ebenfalls ihre elektrischen Kontakte. Auch wenn nun bei steigendem Druck der Druckschalter seine Kontakte öffnet, bleibt dies ohne Wirkung, die Pumpe läuft weiter, weil der Steuerstromkreis über die Schalterklappe geschlossen bleibt. Erst wenn mit weiter steigendem Druck die Pumpenliefermenge auf das Mindestmaß zurückgeht, bei welchem die Kontakte der Schalterklappe öffnen, wird der Steuerstromkreis des Anlassers unterbrochen und die Pumpe ausgeschaltet. Empfehlenswert ist es, wie als Variante in Abb. 76 gezeigt, die Kontakte des Mengenschalters in den Stromkreis eines Selbsthaltekontaktes zu legen.

Die Ausschaltung der Pumpe erfolgt nur in Abhängigkeit von der Pumpenliefermenge. Der zeitlich vorher liegende Ausschaltimpuls des Druckschalters ist nur deshalb erforderlich, um diesen für einen neuerlichen Einschaltimpuls bereit zu machen. Die druckabhängige Ausschaltung kann bei geringster Drucksteigerung zeitlich sofort nach dem Anheben der Schalterklappe, unabhängig von der Höhe des Druckes, liegen. Die Zeitdauer der Kontaktschließung beim Druckschalter bzw. jene zwischen Ein- und Ausschaltimpuls beim Kontaktmanometer dient nur zur Überbrückung des beim druckabhängigen Einschalten gleichzeitig durch das Mengenschaltgerät bis zum Einsetzen der Pumpenlieferung bestehenden Ausschaltkommandos.

Die wirksame Ausschaltmenge für die Schalterklappe kann sehr klein gewählt werden. Dadurch ergeben sich, wie schon früher erwähnt, sehr kleine Schaltzahlen, weil die Kesselfülldauer hiebei verlängert wird (s. Abb. 64).

Die Schalterklappe stellt aber in diesem Falle keinen Schutz gegen Trockenlauf der Pumpe dar, weil vor der liefermengenabhängigen Ausschaltung unbedingt eine geringe Drucksteigerung erforderlich ist, die bei Wassermangel und der hiebei auftretenden Nichtförderung der Pumpe ausbleiben würde.

Anwendung. Diese Steuerart wird dann verwendet, wenn nur geringe Druckunterschiede zwischen Ein- und Ausschaltdruck entsprechend einer sehr flachen Pumpendrosselkurve zur Verfügung stehen und mit kleinen Windkesseln das Auslangen gefunden werden soll. In diesen Fällen ergibt die Ausschaltdrucklinie des Druckschalters $p_a = $ konstant einen sehr flachen Schnittwinkel mit der Pumpendrosselkurve und damit einen unsicheren Ausschaltpunkt, besonders dann, wenn die Pumpenförderhöhe durch geringen Drehzahlrückgang infolge von Schwankungen der Frequenz des elektrischen Netzes etwas kleiner wird. Die liefermengenabhängige Ausschaltsteuerung ergibt hingegen einen großen Schnittwinkel zwischen der Ausschaltlinie $Q_a = $ konstant und der Pumpendrosselkurve.

Die liefermengenabhängige Ausschaltung wird mit Vorteil auch bei Pumpwerken mit mehreren Pumpen angewendet; beim Parallelarbeiten von Kreiselpumpen (s. Kap. VI), bei deren höchsten Förderhöhen und kleinen Liefermengen ist sie ein wirksamer Schutz gegen Leerlauf.

Wird die liefermengenabhängige Ausschaltung bei sehr kleinen Liefermengen zwecks Einsparung an Kesselvolumen angewendet, dann muß man allerdings einen etwas höheren Arbeitsaufwand in Kauf nehmen.

C. Pumpwerk mit einer Pumpe bei wasserstandsabhängiger (indirekt druckabhängiger) Ein- und Ausschaltung.

Diese auch als Kesselschwimmerschaltung bezeichnete Steuerart wird für Wasserversorgungsanlagen, auch bei kleinen Hauswasseranlagen, nur selten verwendet. Sie findet nur dort Anwendung, wo in einem geschlossenen Kessel ein bestimmter Mindestwasserstand, unabhängig vom herrschenden Druck, verlangt wird. Der Vollständigkeit halber wird ein solches Pumpwerk nachstehend beschrieben.

Beschreibung und Arbeitsweise. Als wasserstandsabhängiges Steuerorgan kommt entweder ein im Kessel angeordneter Schwimmer in Frage, dessen Hubbewegung über eine mittels einer Stopfbüchse abgedichtete Achse einen elektrischen Schalter betätigt, der den Steuerstromkreis des Motor-

Eine Pumpe, gewichtsabhängige Ein- und Ausschaltung. 89

anlassers schließt oder öffnet, oder aber die elektrische Aegir-Anlage derart, daß in den Kessel an den Stellen des gewünschten Höchst- und Niederwasserspiegels je ein vom Kessel isolierter Kontaktgeber eingeschraubt wird, durch welchen das Ein- und Ausschalten der Pumpe bewirkt wird.

Wenn für einen großen Höhenunterschied zwischen Ein- und Ausschaltwasserspiegel der Hub des beweglichen Schwimmers eines Schwimmerschalters nicht mehr ausreicht, dann sind zwei Schwimmerschalter zu verwenden, deren Schwimmer in je einem Gehäuse beweglich sind. Eines der Gehäuse wird in Höhe des Einschaltspiegels, das andere in Höhe des Ausschaltwasserspiegels außen am Kessel, mit diesem hydraulisch verbunden, befestigt. Die Kontakte des Einschaltschwimmerschalters sind in den Steuerstromkreis des Motoranlaßschützes, die Kontakte des Ausschaltschwimmerschalters in den Stromkreis des erforderlichen Selbsthaltekontaktes zu legen.

Auch die Elektrodensteuerung nach Kap. III, C, c kann angewendet werden, wenn die Kabeleinführung in den Kessel isoliert und druckdicht ausgeführt wird.

Die Steuerung der Pumpe erfolgt nur in Abhängigkeit vom Wasserstand im Kessel. Sinkt infolge Wasserentnahme an einer Auslaufstelle der Wasserstand im Kessel auf das gewünschte Mindestniveau, dann sinkt der Schwimmer mit und schaltet über ein Gestänge den elektrischen Schalter ein, die Pumpe läuft an. Fließt überschüssiges Wasser in den Kessel, dann steigt darin der Wasserspiegel und der Schwimmer, bis bei einem bestimmten Höchstwasserstand die Pumpe wieder ausgeschaltet wird. Die im Kessel herrschenden Drücke beim Aus- und Einschalten hängen nur von der Luftmenge ab, welche in den Kessel eingepumpt wurde. Ist der Kessel auf höheren Druck belüftet, dann arbeitet die Pumpe bei höheren Drücken. Ist im Kessel nur wenig Luft vorgepreßt, dann herrschen niedere Schaltdrücke. Ist zu wenig Luft im Kessel, dann werden mitunter höher gelegene Auslaufstellen nicht mehr mit Wasser versorgt oder der Auslaufdruck zum Spritzen wird zu klein. Ist aber zu viel Luft im Kessel, dann kann es vorkommen, daß die Pumpe nicht mehr selbsttätig ausgeschaltet wird und dauernd weiterläuft. Sie kann den beim Höchstwasserstand auftretenden hohen Gegendruck nicht mehr erreichen.

Bei solchen Pumpwerken muß daher zwangläufig auf richtige Kesselbelüftung geachtet werden.

D. Pumpwerk mit einer Pumpe bei gewichtsabhängiger (indirekt druckabhängiger) Ein- und Ausschaltung.

Vorweggenommen sei, daß diese Schaltungsart praktisch nicht mehr angewendet wird. Sie soll nur des Interesses halber besprochen werden. Sie beruht darauf, daß der Windkessel auf und ab gehend in einem Bolzen geführt wird und sein Gewicht auf einer Spiralfeder lastet. Mit der Pumpendruckleitung ist er durch eine flexible Leitung (Gummidruckschlauch) verbunden. Außerdem betätigt der auf und ab gehende Kessel über einen Mitnehmer einen elektrischen Schalter, der hier die Stelle eines Druckschalters ersetzt.

Die Wirkungsweise der Anlage ist folgende: Fördert die Pumpe den Wasserüberschuß in den Kessel, dann wird dieser schwerer, drückt die Spiralfeder zusammen und kippt schließlich den elektrischen Schalter in die Aus-Stellung, so daß die Pumpe ausgeschaltet wird. Wenn der Kessel seine Speichermenge abgibt, wird er leichter, die Spiralfeder entspannt sich, der elektrische Schalter wird in die Stellung ,,Ein" gebracht, so daß die Pumpe anläuft.

E. Pumpwerke mit mehreren gleichen Pumpen bei druckabhängiger Ein- und Ausschaltung bzw. Zu- und Abschaltung.

Solche Pumpwerke werden für größere und stark schwankende Verbrauchsmengen gebaut. Sie sind äußerst einfach im Aufbau und übersichtlich in der Steuerung und Bedienung. Gewöhnlich verwendet man zwei bis vier Einzelpumpen, deren jede durch ein ihr zugeordnetes Steuerorgan (Druckschalter oder Kontaktmanometer) ein- und ausgeschaltet wird. Die Pumpen springen nacheinander bei steigendem Verbrauch an, so zwar, daß bei geringem Verbrauch nur eine Pumpe, bei mittleren Verbrauchsmengen deren zwei und bei großem Verbrauch drei oder vier Pumpen gleichzeitig laufen. Die wirksamen Schaltdrücke sind untereinander gestuft, derart, daß die zweite Pumpe bei um 2 bis 3 m WS niedrigeren Drücken ein- und ausgeschaltet wird als die erste, die dritte Pumpe wieder bei um 2 bis 3 m WS niedrigeren Drücken als die zweite usw.

Diese Pumpwerke schmiegen sich den Erfordernissen des schwankenden Verbrauches sehr gut an und beim Ausfall einer Pumpe, z. B. infolge eines Schadens in ihrer elektrischen Anlage, tritt sofort die nächste an ihre Stelle.

Der größte Vorteil der Verwendung gleicher Pumpen liegt in der vereinfachten Lagerhaltung von Ersatzteilen und dadurch einer raschen Instandsetzungsmöglichkeit abgenützter oder beschädigter Teile.

a) Normale Stufendruckschaltung.

Beschreibung und Arbeitsweise. Zwei bis drei Pumpen des gleichen Baumusters (s. Abb. 78) fördern nebeneinander in das gleiche Verbraucherrohrnetz. Der Druckwindkessel, aus praktischen Gründen gewöhnlich deren zwei kleinere, ist mittels einer Stichleitung an die gemeinsame Druckleitung der Pumpen angeschlossen. Jeder Pumpe zugeordnet wird ein druckabhängiges Schaltgerät, z. B. ein Kontaktmanometer, hydraulisch mit dem Kessel verbunden. Die wirksamen Schaltdrücke derselben sind um 2 bis 3 m WS gestaffelt. Es entstehen dadurch mehrere Druckstufen. Innerhalb der ersten arbeitet nur eine Pumpe; sinkt der Druck in der Rohrleitung und im Kessel bei steigendem Verbrauch auf die zweite Stufe ab, dann wird die zweite Pumpe der ersten zugeschaltet,

Mehrere gleiche Pumpen, druckabhängige Ein- und Ausschaltung. 91

beide Pumpen fördern nebeneinander gemeinsam in das Rohrnetz. Steigt der Verbrauch noch weiter an, über die Summenleistungsfähigkeit beider Pumpen, dann sinkt der Druck im Rohrnetz und im Kessel in die dritte Druckstufe ab, so daß sich auch die dritte Pumpe den beiden anderen zuschaltet und nunmehr alle drei Pumpen gemeinsam fördern. Die Pumpen liegen parallel im Förderstrom.

Aus dieser allgemeinen Beschreibung der Arbeitsweise ist ersichtlich, daß sich ein solches Pumpwerk tatsächlich auf einfache Weise dem wechselnden Wasserverbrauch voll anpaßt.

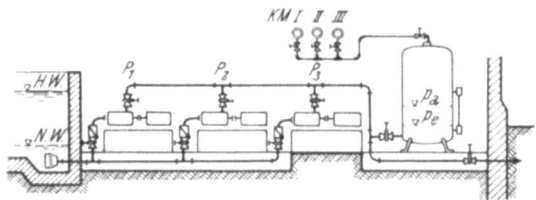

Abb. 78. Pumpwerk mit drei gleichen Pumpen in Stufendruckschaltung.

Weitere Vorteile solcher Pumpwerke sind:

1. Ein kleiner Druckwindkessel, weil dieser, wie später gezeigt wird, in seiner Größe nur in bezug auf die mittlere Liefermenge einer Pumpe und nicht unter Berücksichtigung der Summenliefermenge aller Pumpen bemessen zu werden braucht.

2. Beim Ausfall einer Pumpe arbeitet das Pumpwerk wenigstens mit einem Teil seiner vollen Leistung weiter.

3. Beim Einschalten einer kleinen Einzelpumpe entsteht im elektrischen Stromnetz auch nur der Stromstoß eines kleinen Motors.

In den Abb. 78 bis 80 ist ein Pumpwerk dargestellt, das ein größeres Industriewerk mit dem nötigen Trink-, Brauch- und Löschwasser versorgen soll. Der normale Wasserverbrauch schwanke zwischen 200 und 500 l/min, zu bestimmten Tageszeiten trete ein Spitzenverbrauch von 400 bis 700 l/min auf. Die Motorspritze der Fabriksfeuerwehr, welche aus der geplanten Hydrantenleitung gespeist werden soll, hätte eine Fördermenge von 1200 l/min. An dem am ungünstigsten gelegenen Hydranten werde in Erdniveau ein Auslaufdruck (Fließdruck) von $h_a = 4$ atü verlangt. Unter Aufrechterhaltung des normalen Pumpbetriebes bei einem Verbrauch von 500 l/min muß im Brandfalle das Pumpwerk daher 1700 l/min liefern. Der gesamte Widerstand des Verbrauchernetzes betrage in diesem Falle $h_w = 9,5$ m WS. Der Rohrwiderstand ist als quadratisch mit der Verbrauchsmenge steigend angenommen. Das von den Pumpen zu fördernde Wasser stehe in einem Erdbehälter (Tiefbehälter) zur Verfügung, in den andere Pumpen aus zwei Tiefbrunnen fördern. Diese Pumpen werden aber hier außer Betracht gelassen. Der Wasserspiegel in diesem Tiefbehälter liege im Mittel 2,5 m unter Erdniveau.

Pumpwerke mit Druckwindkessel.

Es ist also gegeben: $Q_{v\,max} =$ 1700 l/min
 $h_a\quad =$ 40 m WS
 $h_w\quad =$ 9,5 m WS
 $H_g\quad =$ 2,5 m

Damit ergibt sich die notwendige Pumpenförderhöhe $H_n\quad =$ 52,0 m WS

Die Linie H_n ist eine Parabel mit der Gleichung $H_n = H_0 + f \cdot Q_v^2$. Aus ihr sind zwei Punkte gegeben, und zwar $H_n = H_0 = 42{,}5$ m bei $Q_v = 0$ und $H_n = 52$ m bei $Q_v = 1700$ l/min. Daraus ist auch der Faktor f gegeben, die Parabel bestimmt.

Die verlangte volle Pumpenfördermenge wird auf drei Pumpen aufgeteilt. Das Pumpwerk werde neben dem Tiefbehälter angeordnet, so zwar, daß die Pumpen Zulauf erhalten und die Mitte der beiden Druckwindkessel in Höhe des niedersten Wasserspiegels im Behälter liegt. Wegen der kurzen und außerdem reichlich bemessenen Ansaug- und Druckleitungen im Pumpenhaus kann ihr Widerstand als unerheblich vernachlässigt werden. Unberücksichtigt bleiben auch die geringen Wasserspiegelschwankungen im Behälter. Damit werden für dieses Beispiel die Pumpendrücke und die Kesseldrücke einander gleich.

Aus dem Fertigungsprogramm einer Pumpenfabrik werden drei gleiche Pumpen mit den in Abb. 79 dargestellten Kennlinien für die Förderhöhe und den Arbeitsaufwand gewählt, deren Summendrosselkurve durch einen Punkt, gegeben durch $H_{1+2+3} = 52$ m bei $Q = 1720$ l/min, geht, wobei der Anstieg der Drosselkurve bei kleiner Liefermenge auf die notwendigen Ausschaltdrücke Rücksicht nimmt.

Die Kontaktmanometer werden auf folgende Schaltdrücke eingestellt:

$K\,III$ ... $e''' = 52$ m WS $K\,III$ ... $a''' = 63$ m WS
$K\,II$ ... $e'' = 55$ m WS $K\,II$ ... $a'' = 66$ m WS
$K\,I$ ... $e'   = 58$ m WS $K\,I$ ... $a'   = 69$ m WS

Der Einschaltdruck für die dritte Pumpe und damit auch der für die beiden anderen Pumpen könnte, wie in Kap. XI, A, festgestellt, etwas geringer sein als der notwendigen Förderhöhe bzw. dem notwendigen Kesseldruck bei $Q_{v\,max}$ entsprechend, ohne daß hiedurch bei irgendeiner Verbrauchsmenge der „notwendige Druck" unterschritten würde. Der Einschaltdruck für die dritte Pumpe kann so gewählt werden, daß der Schnitt der Linie $e''' =$ konstant mit der Linie H_n bei jener Verbrauchsmenge liegt, bei welcher die Linie $a''' =$ konstant die Summenförderhöhenkennlinie von drei Pumpen H_{1+2+3} schneidet. Im Beispielsfalle könnte $e''' = 48$ m WS sein, wenn a''' bei 63 m WS und Q_a''' bei 1305 l/min bleibt, oder mit $e''' = 49$ m WS gewählt werden, wenn $a''' = 60$ m WS bei $Q_a''' = 1430$ l/min angenommen wird. Hiedurch könnte etwas an Arbeitsaufwand je Kubikmeter geförderten Wassers eingespart werden, das Pumpwerk würde etwas wirtschaftlicher arbeiten. Weitestgehende Ersparungen können bei Pumpwerken nach Kap. XI, E, b, erzielt werden.

In Abb. 79 sind auf der Abszisse des Diagrammes sowohl die Pumpenliefermengen Q als auch die Verbrauchsmengen Q_v aufgetragen. Auf der Ordinate sind die Pumpenförderhöhen H in Abhängigkeit von den Pumpenliefermengen Q und anderseits die Pumpwerksdrücke (Kesseldrücke) H_k in Abhängigkeit von den Verbrauchsmengen Q_v ersichtlich.

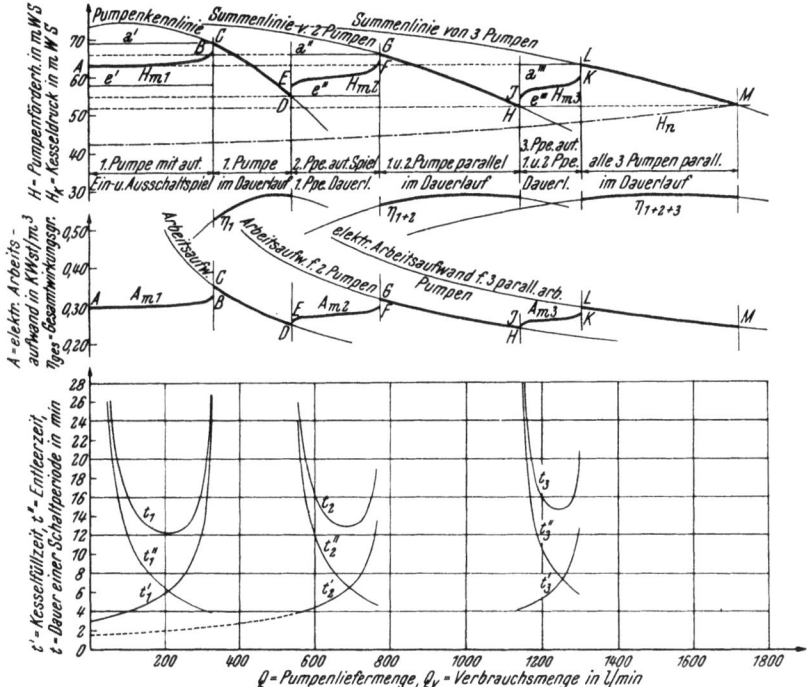

Abb. 79. Hydraulisches Arbeitsbild eines Pumpwerkes mit drei gleichen Pumpen in Stufendruckschaltung.

Es ergibt sich folgendes Arbeitsbild für das Pumpwerk: Bei Verbrauchsmengen zwischen Null und 330 l/min arbeitet die erste Pumpe, gesteuert durch das Kontaktmanometer I, mit selbsttätigem Ein- und Ausschaltspiel. Pumpenliefermengen zwischen 500 und 330 l/min; Förderhöhen bzw. Kesseldrücke zwischen 58 und 69 m WS; elektrischer Arbeitsaufwand zwischen 266 und 253 Wattstunden je Kubikmeter. Nach ihrem Einschalten durch das Kontaktmanometer I fördert die Pumpe 500 l/min bei einer Förderhöhe von 58 m. Hievon fließt die Verbrauchsmenge ins Rohrnetz ab, der Überschuß in den Windkessel. Dadurch steigt der Druck in diesem und in der Rohrleitung, die Pumpe fördert entsprechend dem steigenden Druck immer weniger, bis schließlich bei Erreichen des Ausschaltdruckes von 69 m WS und bei einer Pumpenliefermenge von 330 l/min die Ausschaltung der Pumpe erfolgt. Nachdem die im Kessel angesammelte Speichermenge infolge andauernden Verbrauches ins Rohrnetz abgeflossen ist, wiederholt sich das Schaltspiel.

Bei Verbrauchsmengen zwischen 330 und 540 l/min arbeitet die erste Pumpe in Dauerlauf ohne Ein- und Ausschaltspiel. Die Pumpenliefermengen sind gleich den jeweiligen Verbrauchsmengen. Die Förderhöhen bzw. Kesseldrücke ergeben sich aus der Kennlinie H bei der betreffenden Pumpenliefermenge und der zugehörige Arbeitsaufwand aus der Kennlinie A. Dieser ist bei kleinen Verbrauchsmengen größer als bei großen. Die Pumpenliefermenge gleicht sich in diesem Bereich ganz dem Verbrauch an, beide sind einander gleich. Der Ausschaltdruck des Kontaktmanometers wird nicht erreicht, die Pumpe läuft dauernd.

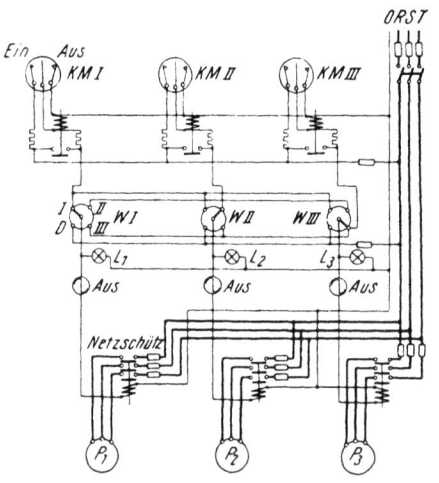

Abb. 80. Elektrisches Schaltbild für Stufendruckschaltung dreier Pumpen mittels Kontaktmanometern.

Bei Verbrauchsmengen zwischen 500 und 540 l/min wird der Einschaltdruck des Kontaktmanometers I bereits unterschritten und bei einem Verbrauch von 540 l/min der Einschaltdruck des zur zweiten Pumpe gehörigen Kontaktmanometers II (Leistungsgrenze der ersten Pumpe) erreicht. Die zweite Pumpe wird der ersten zugeschaltet.

Bei Verbrauchsmengen zwischen 540 und 775 l/min läuft die erste Pumpe dauernd, die zweite, gesteuert durch das Kontaktmanometer II, mit selbsttätigem Ein- und Ausschaltspiel. Summenliefermenge beider Pumpen (jede Pumpe die Hälfte hievon) zwischen 1075 und 775 l/min; Förderhöhen bzw. Pumpwerksdrücke zwischen 55 und 66 m WS (beide Pumpen bei gleicher Förderhöhe); elektrischer Arbeitsaufwand zwischen 253 und 317 Wattstunden je Kubikmeter geförderten Wassers. Nachdem die zweite Pumpe infolge Ansteigens des Verbrauches über 540 l/min durch das Absinken des Kesseldruckes auf 55 m WS der ersten zugeschaltet wurde, fördern beide Pumpen zusammen anfangs 1075 l/min, die Verbrauchsmenge ins Rohrnetz, den Überschuß in den Kessel. Der Druck in diesem und in der Rohrleitung steigt, die Pumpenliefermengen nehmen ab, bis schließlich bei einem Kesseldruck von 66 m WS und einer Summenliefermenge beider Pumpen von 775 l/min die zweite Pumpe durch das Kontaktmanometer II abgeschaltet wird. Die erste Pumpe läuft weiter, sie kann aber allein den Verbrauch nicht decken. Deshalb steigt der Druck nicht mehr an, der Ausschaltdruck der ersten Pumpe kann nicht erreicht werden. Die Pumpe fördert bei sinkendem Kessel- und Rohrleitungsdruck weiter, die volle Menge direkt in das

Verbrauchernetz, die auf die Verbrauchsmenge fehlende Wassermenge wird dem Kessel aus der angesammelten Speichermenge entnommen. Erreicht der Druck im Kessel wieder den Wert des Einschaltdruckes vom Kontaktmanometer II, dann wird die zweite Pumpe abermals zugeschaltet.

Im Bereich der Verbrauchsmengen zwischen 775 und 1145 l/min laufen beide Pumpen dauernd. Die Pumpensummenliefermenge ist gleich der jeweiligen Verbrauchsmenge. Die Förderhöhen bzw. die Kesseldrücke ergeben sich aus der Förderhöhen-Summendrosselkurve, die Werte für den Arbeitsaufwand werden aus der Summenkennlinie für zwei Pumpen bei der betreffenden Verbrauchsmenge abgelesen. Im Bereich von 1075 bis 1145 l/min wird bereits der Einschaltdruck des Kontaktmanometers II unterschritten und bei einem Verbrauch von 1145 l/min die Leistungsgrenze beider Pumpen und damit der Einschaltdruck für das der dritten Pumpe zugeordnete Kontaktmanometer III erreicht. Bei weiter steigendem Verbrauch wird den beiden schon laufenden Pumpen noch die dritte zugeschaltet.

Bei Verbrauchsmengen zwischen 1145 und 1305 l/min laufen die erste und die zweite Pumpe dauernd, die dritte mit automatischem Ein- und Ausschaltspiel, gesteuert vom Kontaktmanometer III. Summenliefermengen (jede Pumpe ein Drittel) zwischen 1720 und 1305 l/min; Förderhöhen bzw. Kesseldrücke zwischen 52 und 63 m WS; Arbeitsaufwand zwischen 240 und 292 Wattstunden je Kubikmeter.

Im Verbrauchsmengenbereich von 1305 bis 1720 l/min laufen alle drei Pumpen dauernd. Die Summenliefermenge der Pumpen ist gleich dem Verbrauch. Die Pumpenförderhöhen bzw. die Kesseldrücke sowie der Arbeitsaufwand ergeben sich aus den Kennlinien bei der betreffenden Verbrauchsmenge.

Bei sinkendem Verbrauch sind die Steuer- und Pumpenlaufverhältnisse entsprechend umgekehrt.

Wie schon bei der Schilderung der Arbeitsweise des Pumpwerkes mit nur einer Pumpe (Kap. XI, A) hervorgehoben wurde, sind die Mittelwerte von Pumpenförderhöhe, Kesseldruck und Arbeitsaufwand während eines Schaltspieles im Bereich des automatischen Ein- und Ausschaltens einer Pumpe genau nur auf sehr umständliche Art zu bestimmen. Im Schaubild Abb. 79 sind diese Werte jedoch auf Grund einer genauen Durchrechnung eingetragen, um einen Vergleich mit den bei einem später beschriebenen Pumpwerk mit Verbrauchsdruckschaltern (siehe Kap. XI, E, b) auftretenden Werten zu ermöglichen. Es gilt aber auch hier: die genauen Werte sind gewöhnlich nicht wissenswert und es genügen allgemein stets die Näherungswerte.

Für den mittleren Arbeitsaufwand kann wieder jener bei der Pumpenliefermenge $Q_m' = (Q_e + Q_a)/2$ über den ganzen Bereich des Schaltspieles gleichbleibend angenommen werden. Für die Mittelwerte der Pumpenförderhöhen und Kesseldrücke wird das arithmetische Mittel zwischen Aus- und Einschaltförderhöhe bzw. zwischen Aus- und Einschaltdruck benützt. Demgemäß ergibt sich für den Bereich

$Q_v = 0 - 330$ l/min $\qquad Q_m{}' = 415$ l/min $\qquad A_{m1} = 0{,}304$ kWh/m³
$Q_v = 540 - 775$ l/min $\qquad Q_m{}'' = 925$ l/min $\qquad A_{m2} = 0{,}282$ kWh/m³
$Q_v = 1145 - 1305$ l/min $\qquad Q_m{}''' = 1512$ l/min $\qquad A_{m3} = 0{,}267$ kWh/m³

$H_{m1} = 63{,}5$ m
$H_{m2} = 60{,}5$ m
$H_{m3} = 57{,}5$ m

Im Gegensatz zu den in Abb. 79 eingetragenen Wellenlinien $A-B$, $E-F$ und $J-K$ für die genau errechneten Mittelwerte werden die Linien für die Näherungswerte Gerade, die aber nicht eingezeichnet sind.

Die Bestimmung der Größe des erforderlichen Druckwindkessels erfolgt nach der grundlegenden Erkenntnis, daß dieser kein Großspeicher sein kann, wie bereits früher ausgeführt wurde, sondern nur ein Puffer ist, der die Schalthäufigkeit der Pumpen regelt. Berücksichtigt man noch, daß der nutzbare Kesselinhalt J auf den Einschaltdruck der dritten Pumpe (keinesfalls der ersten) von 52 m WS mit Druckluft vorgepreßt wird, damit beim Absinken des Kesseldruckes auf den geringsten vorkommenden Druck keine Luft in die Leitung entweichen kann, und legt weiter die aus Abb. 79 erkennbare Tatsache zugrunde, daß die geringste Dauer einer Schaltperiode und damit die größte Schalthäufigkeit beim automatischen Schaltspiel der ersten Pumpe auftritt, dann ergibt sich, daß der Kessel so zu berechnen ist, als ob nur die erste Pumpe vorhanden wäre. Der Kessel wird bei Verwendung mehrerer Pumpen bedeutend kleiner, als wenn eine einzige Pumpe mit großer Liefermenge verwendet würde.

Für die erste Pumpe sind aber die Schaltdrücke höher als für die dritte Pumpe, auf deren Einschaltdruck der Kessel belüftet wird. Deshalb ist auch das Kesselvolumen größer, der Luftraum beim Einschalten der ersten Pumpe im Verhältnis der absoluten Einschaltdrücke der dritten zur ersten Pumpe $(52+10)/(53+10) = 0{,}91 = 1/1{,}1$ kleiner. Der nutzbare Kesselinhalt bei einer stündlichen Schaltzahl von $z=5$ für einen Einschaltdruck von 5,2 atü und einen Ausschaltdruck von 6,3 atü wird dann

$$J = 1{,}1 \cdot k \cdot \frac{15 \cdot Q_m}{x \cdot z} = 10000 \text{ Liter},$$

wenn $Q_m = (500+330)/2 = 415$ l/min; $x = 0{,}14$ laut Abb. 62 und $k = 1{,}0$ nach Abb. 64.

Das Kesselgesamtvolumen beträgt unter Annahme eines Totvolumens von 16% etwa $V = 12000$ Liter. Es ist vorteilhaft, ein so großes Volumen auf zwei Kessel mit je 6000 Liter Inhalt aufzuteilen. Dadurch ergibt sich der Vorteil, daß beim Reinigen der Kessel jeweils einer in Betrieb bleiben kann, weil die hiebei auftretende doppelte Schaltzahl während der kurzen Reinigungsdauer nicht schadet. Außerdem sind bei kleinen Kesseln gleichen Betriebsdruckes die Blechstärken geringer als bei einem großen Kessel. Dadurch wird Gewicht und Material eingespart, der Transport und die Montage erleichtert.

Aus der Pumpendrosselkurve geht hervor, daß der höchste im Kessel mögliche Druck bei Dauerlauf einer Pumpe ohne Wasserverbrauch etwa 75 m WS = 7,5 atü ist. Die beiden Kessel sind daher für einen Betriebsdruck von mindestens 7,5 atü vorzusehen.

Zusammenfassend kann festgestellt werden, daß bei Verwendung mehrerer Pumpen nicht nur eine bessere Angleichung der Pumpwerksliefermenge an den schwankenden Verbrauch erzielt wird, sondern auch mit einem geringeren Kesselvolumen das Auslangen gefunden wird als bei einer einzigen großen Pumpe.

Im elektrischen Schaltbild Abb. 80 sind drei Wahlschalter eingezeichnet, welche es gestatten, die Einschaltreihenfolge der Pumpen beliebig zu vertauschen. Man kann z. B. Pumpe 3 als erste (Pumpe I) und Pumpe 1 als dritte (Pumpe III) arbeiten lassen, indem man die Schaltimpulse des Kontaktmanometers I zum Anlaßgerät der dritten Pumpe führt und diejenigen des Kontaktmanometers III zur Pumpe 1. Dadurch kann nötigenfalls eine gleichmäßige Aufteilung der Laufzeiten auf alle drei Pumpen erreicht werden, denn die als erste laufende Pumpe hat längere Laufzeiten als die zweite und diese längere als die dritte. Im Schaltbild ist Pumpe 1 als erste (Pumpe I), Pumpe 2 als zweite (Pumpe II) und Pumpe 3 als dritte (Pumpe III) geschaltet. Drei Signallampen geben bei ihrem Aufleuchten an, welche Pumpe von irgendeinem Kontaktmanometer oder von Hand aus eingeschaltet einen Laufbefehl erhalten hat. Läuft die zugehörige Pumpe nicht, dann liegt eine Störung an derselben, ihrem Motor oder Anlaßgerät vor. Die Signallampen tragen daher wesentlich zum Erkennen einer Störungsursache bei.

Die Sicherheit eines solchen Pumpwerkes ist sehr groß. Fällt aus irgendeiner Ursache eine Pumpe aus, dann tritt sofort die nächste selbsttätig an ihre Stelle. Würde beispielsweise wegen eines Fehlers im Anlasser der ersten Pumpe diese beim Absinken des Kesseldruckes auf den Einschaltdruck des Kontaktmanometers I nicht anlaufen, dann sinkt der Druck weiter ab, bis bei dem um 3 m WS niedrigeren Einschaltdruck des Kontaktmanometers II die zweite Pumpe anläuft. Das Pumpwerk bleibt weiter betriebsbereit, nur die größten Liefermengen kann es nicht erbringen, es arbeitet nur mit zwei Dritteln seiner Leistung. Außerdem sind die Pumpwerksdrücke um den Stufenunterschied der Einschaltdrücke der Kontaktmanometer von 3 m WS niederer.

Anwendung. Diese Pumpwerksart mit Stufendruckschaltung und zwei bis drei Pumpen gleicher Größe eignet sich besonders für kleinere und mittlere Leistungen, zur Wasserversorgung größerer Industrien und kleinerer Städte, wenn die Anlage eines Hochbehälters nicht möglich oder erwünscht ist und insbesondere dann, wenn der Leitungswiderstand des Rohrnetzes gering ist. Es entfällt die Anlage jedweder Steuerleitung außerhalb des Pumpenhauses. Beim Ausfall des elektrischen Stromes setzt allerdings die Wasserlieferung des Pumpwerkes aus, weil keinerlei Wasservorrat vorhanden ist. Der Vorteil der Verwendung gleicher Pumpen wurde schon eingangs hervorgehoben.

Das vorbeschriebene Pumpwerk zeigt, wie aus Abb. 79 hervorgeht, bei kleinen Verbrauchsmengen größere Kesseldrücke als bei großen. So ist bei einer Verbrauchsmenge von 250 l/min der mittlere Kesseldruck 64 m WS, bei 650 l/min nur mehr 60 m WS und bei 1200 l/min sogar nur 57 m WS. Zieht man in Betracht, daß bei kleinen Verbrauchsmengen der Widerstand des Rohrnetzes kleiner ist als bei den großen und größten, deren Widerstandswert der Bemessung der Pumpenförderhöhe zugrunde gelegt wurde, dann erkennt man bei einem Vergleich mit der Linie der notwendigen Förderhöhen H_n, daß die Pumpwerksdrücke und auch die an den Verbraucherstellen entstehenden Drücke höher sind als notwendig ist. Sie sind nicht nur um den Stufenunterschied der Kontaktmanometer größer, sondern auch um den Unterschied des Rohrwiderstandes bei der maximalen und der betrachteten Pumpwerksliefermenge. Damit ergeben sich bei kleinen Verbrauchsmengen auch höhere Stromkosten je Kubikmeter geförderten Wassers als bei großen. Die Stromkosten betragen bei einem Verbrauch von 250 l/min etwa 0,305 kWh/m³, bei 650 l/min nur 0,280 kWh/m³ und bei 1200 l/min nur 0,260 kWh/m³. Die Linien für den Kesseldruck und den Arbeitsaufwand zeigen von den kleinen zu den größeren Pumpwerksliefermengen eine fallende Tendenz. Das entspricht wohl nicht der Forderung nach möglichst gleichbleibendem Druck an den Verbraucherstellen und größtmöglicher Wirtschaftlichkeit, doch spielt der vergrößerte Anteil der Stromkosten an den Gesamtkosten für das geförderte Wasser bei kleinen und mittleren Pumpwerken nicht immer eine wesentliche Rolle, insbesondere dann, wenn der Rohrwiderstand des Netzes klein ist. Bei größeren Wasserwerken hingegen muß jede Möglichkeit der Wasserkostensenkung genützt werden, wie in den folgenden Abschnitten gezeigt wird.

Um dem aufgezeigten unrichtigen Verhältnis zwischen Leitungsdruck und Verbrauchsmenge zu begegnen, sind drei Wege gangbar.

Der erste verwendet an Stelle gewöhnlicher Druckschalter oder Kontaktmanometer sogenannte „Verbrauchsdruckschalter" nach Abb. 15, welche die Eigenschaft besitzen, daß ihre Schaltdrücke mit der ins Rohrnetz abfließenden Wasserverbrauchsmenge ansteigen unter Ausnützung der Druckdifferenz zwischen Plus- und Minusanschluß an einem Venturirohr. Dadurch wird erreicht, daß die Ein- und Ausschaltdrücke bei kleinen Verbrauchsmengen nieder, bei mittleren entsprechend höher und bei den größten Pumpwerksliefermengen am höchsten liegen, unbeschadet der Stufendruckunterschiede zwischen den jeder Pumpe zugehörigen Schaltern.

Der zweite Weg besteht darin, daß die gewöhnlichen handelsüblichen Druckschalter oder Kontaktmanometer nicht mit dem Windkessel oder mit der Druckleitung verbunden, sondern an die engste Stelle eines einfachen oder Doppelventurirohres, das von der ganzen Verbrauchsmenge durchflossen wird, angeschlossen werden (s. Abb. 84). An dieser Minusanschlußstelle herrscht ein gegenüber dem Kessel in Abhängigkeit von der Durchflußmenge verminderter Druck, so daß trotz der konstant bleibenden Schaltdrücke der Steuerorgane die Arbeitsdrücke der Pumpen und damit

Mehrere gleiche Pumpen, druckabhängige Ein- und Ausschaltung. 99

die Kesseldrücke um den jeweils im Venturirohr entstehenden Druckabfall höher liegen als die Minusdrücke: bei kleinen Verbrauchsmengen nur wenig, bei mittleren etwas mehr und bei den größten Mengen am höchsten darüber.

Der dritte Weg ist gegeben in der verbrauchsmengenabhängigen Zuschaltung der zweiten und dritten Pumpe bei druckabhängiger Ein- und Ausschaltung der ersten oder unter Verzicht auf die Verwendung gleicher Pumpen bei Verwendung von Pumpen verschiedener Liefermenge als auch verschiedener Förderhöhe.

b) Stufendruckschaltung mit verbrauchsmengenabhängig beeinflußten Druckschaltern (Verbrauchsdruckschaltung).

Beschreibung. Dieses Pumpwerk gleicht im Aufbau und in der grundsätzlichen Wirkungsweise dem im vorigen Abschnitt beschriebenen Pumpwerk mit dem einen, aber maßgebenden Unterschied, daß an Stelle

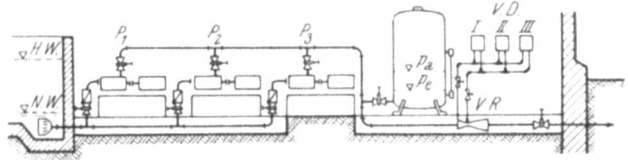

Abb. 81. Pumpwerk mit drei gleichen Pumpen in Stufendruckschaltung mittels Verbrauchsdruckschalter.

normaler Druckschalter oder Kontaktmanometer Verbrauchsdruckschalter nach Abb. 15, angeschlossen an die Plus- bzw. Minusdruckstelle eines Venturirohres, verwendet werden (s. Abb. 81, 82 und 83). Der damit verbundene Zweck ist der, die Schaltdrücke für die Pumpen den notwendigen Mindestdrücken anzugleichen und zu verhindern, daß bei kleinen Verbrauchsmengen größere Drücke auftreten als bei großen. Die Verbrauchsdruckschaltung trägt der allgemeinen Forderung bei der Planung von Pumpwerken nach möglichst gleichbleibenden Drücken an den Verbraucherstellen — natürlich unter Inkaufnahme der Druckschwankung infolge der für die Speicherfähigkeit des Windkessels notwendigen Druckdifferenz zwischen Ein- und Ausschaltdruck der Pumpen — und größtmöglicher Wirtschaftlichkeit weitestgehend Rechnung.

Um den Unterschied gegenüber einem Pumpwerk mit normaler Stufendruckschaltung nach Kap. XI, E, a deutlich zu machen, sei nachstehend ein Pumpwerk für den gleichen Zweck, die gleichen Leistungsmengen und -grundlagen und außerdem mit den gleichen Pumpen angeführt.

$Q_{v\,max}$ = 1700 l/min H_g = 2,5 m drei gleiche Pumpen für je
h_a = 40 m WS H_n = 52 m WS Q = 573 l/min bei
h_w = 9,5 m WS H = 52 m Förderhöhe

Der Widerstand der Verbraucherrohrleitung wird wie der einer einfachen Rohrleitung ohne Verästelung quadratisch steigend mit der Verbrauchsmenge angenommen. Dies entspricht zwar nicht ganz den Tatsachen, denn bei sehr kleinen Verbrauchsmengen ist der Widerstand des Hauptrohrstranges und der weiten Nebenstränge unwesentlich und es fällt nur der Widerstand der schwachen Nebenstränge und der Hausleitungen, aus denen Wasser entnommen wird, ins Gewicht. Dieser beträgt etwa 2 bis 3 m WS. Steigt der Wasserverbrauch, etwa dadurch, daß bei mehreren Auslaufhähnen an anderen Nebensträngen Wasser entnommen wird, dann ändert sich damit der Widerstandsanteil der Nebenverästelungen nicht, weil diese nicht hintereinander, sondern parallel zueinander liegen, es ändert sich nur geringfügig der Widerstand der Hauptleitung. Erst bei noch größerem Verbrauch fällt der Widerstand der Hauptleitung und der weiten Nebenstränge ins Gewicht. Diese Überlegung zeigt, daß die Rohrwiderstandslinie schon bei kleinsten Mengen den Wert von 2 bis 3 m hat, mit steigender Verbrauchsmenge zuerst sanft und bei größeren Mengen steiler ansteigt. Trotzdem kann die Annahme der quadratischen Widerstandsänderung als annähernd richtig beibehalten werden und es ergibt sich die Linie H_n als Parabel, wenn die Schwankungen des Saugwasserspiegels vernachlässigt werden.

Betont soll werden, daß natürlich nicht an allen Verbraucherstellen untereinander der gleiche Druck herrschen kann: höher gelegene haben geringeren und näher dem Pumpwerk befindliche weisen größere Drücke auf.

In die aus dem Pumpwerk abgehende Hauptverbrauchsleitung wird ein Venturirohr eingebaut. Dieses ist so zu bemessen, daß der entstehende Druckabfall (Druckunterschied zwischen Plus- und Minusdruckanschluß) in Verbindung mit den Verbrauchsdruckschaltern das gewünschte Ansteigen der Schaltdrücke mit steigender Verbrauchsmenge ergibt (Kennlinie der Verbrauchsdruckschalter). Das Ansteigen der Schaltdrücke wird, wie in Abb. 82 ersichtlich ist, etwas steiler gewählt als das Ansteigen der Linie für die notwendigen Kesseldrücke bzw. Pumpenförderhöhen H_n.

Die erforderlichen drei Verbrauchsdruckschalter werden mit ihren beiden Anschlüssen mit dem Plus- und Minusanschluß des Venturirohres mittels schwacher Rohrleitungen verbunden. Die Schalter werden nun so eingestellt, daß sie bei ganz kleinen Verbrauchsmengen (annähernd Null) bei folgenden Drücken ein- bzw. ausschalten.

$VD\ III \ldots e''' = 39{,}0$ m WS $\ldots a''' = 50{,}0$ m WS
$VD\ II \ \ \ldots e'' \ = 41{,}5$ m WS $\ldots a'' \ = 52{,}5$ m WS
$VD\ I \ \ \ \ldots e' \ \ = 44{,}0$ m WS $\ldots a' \ \ = 55{,}0$ m WS

Wie aus Abb. 82 ersichtlich ist, schneiden die Einschaltkennlinien e'' und e''' der Verbrauchsdruckschalter $VD\ II$ und $VD\ III$ die Linie H_n gerade in jenen Punkten, in denen die Pumpendrosselkurven H_1 und H_{1+2} die Linie H_n schneidet. Bei dieser Art der Bemessung der Verbrauchsdruckschalter und der gezeigten Einstellung werden die Pumpen bei den niedrigstmöglichen, an die Linie H_n angeglichenen Drücken geschaltet.

Mehrere gleiche Pumpen, druckabhängige Ein- und Ausschaltung. 101

Die Arbeitsweise dieses Pumpwerks ist grundsätzlich gleich dem mit normaler Stufendruckschaltung. Die drei Bereiche mit automatischem Ein- und Ausschaltspiel sowie die Bereiche mit Dauerlauf sind in Abb. 82 leicht erkenntlich.

Bei einem Verbrauch von 100 l/min wird die erste Pumpe I bei einem Kesseldruck von $e' = 44$ m WS ein- und bei einem Druck von $a' = 55$ m WS

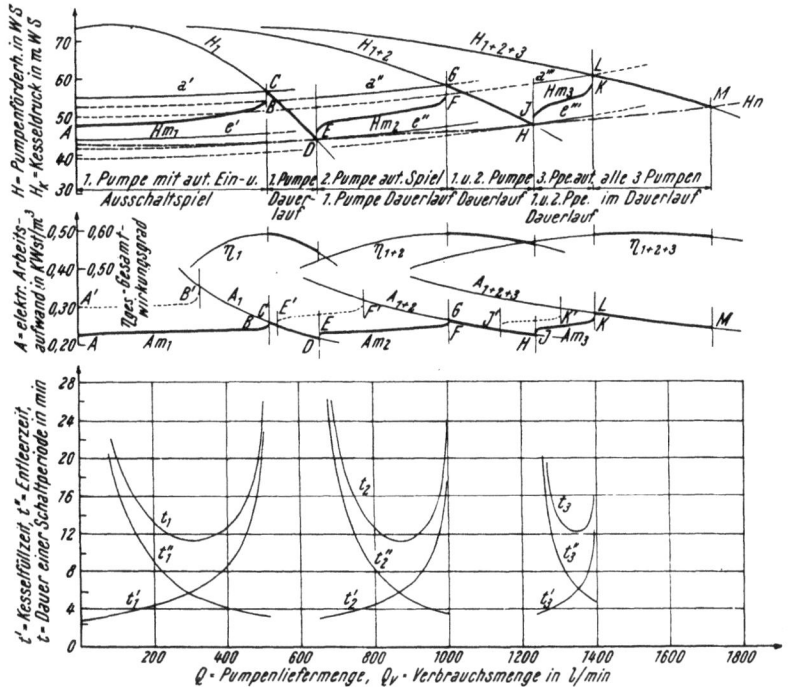

Abb. 82. Hydraulisches Arbeitsbild eines Pumpwerkes mit drei gleichen Pumpen in Stufendruckschaltung mittels Verbrauchsdruckschalter.

ausgeschaltet. (Pumpenliefermenge zwischen 650 und 540 l/min, Arbeitsaufwand zwischen 0,218 und 0,252 kWh/m³.) Bei einem Verbrauch von 400 l/min steigen die Schaltdrücke auf $e' = 45$ m bzw. $a' = 56$ m WS. (Pumpenliefermenge zwischen 640 und 525 l/min, Arbeitsaufwand zwischen 0,220 und 0,258 kWh/m³.) Bei einem Verbrauch von 700 l/min läuft die erste Pumpe dauernd, die zweite wird automatisch ein- und ausgeschaltet, $e'' = 44$ m und $a'' = 55$ m WS. (Pumpensummenliefermengen zwischen 1300 und 1080 l/min, Arbeitsaufwand zwischen 0,218 und 0,250 kWh/m³.) Bei einer Steigerung des Verbrauches auf 900 l/min steigt der Zu- und Abschaltdruck für die zweite Pumpe auf 46 bzw. 57 m WS. (Pumpensummenliefermengen zwischen 1270 und 1030 l/min, Arbeitsaufwand zwischen 0,222 und 0,262 kWh/m³.)

Bei einem Verbrauch von 1350 l/min laufen die erste und zweite Pumpe gemeinsam dauernd und die dritte wird automatisch bei 49 m WS zu- und bei 60 m abgeschaltet. (Pumpensummenliefermengen zwischen 1815 und 1425 l/min, Arbeitsaufwand zwischen 0,230 und 0,276 kWh/m³.)

Aus diesen Werten ist erkennbar, daß sowohl die Kesseldrücke wie auch die Arbeitsförderhöhen der Pumpen und der Arbeitsaufwand bei kleinen Verbrauchsmengen niederer sind als bei größeren, sie zeigen eine mit der Verbrauchsmenge steigende Tendenz.

Aus einem Vergleich der Abb. 79 und 82 ist ersichtlich, daß beim Pumpwerk mit Verbrauchsdruckschaltern die Stromkosten bei geringen Verbrauchsmengen wesentlich niederer sind als bei jenem mit normalen Druckschaltern. Zwecks besserer Vergleichsmöglichkeit sind in Abb. 82 strichliert die Werte für den Arbeitsaufwand aus Abb. 79 eingetragen. (Linie $A'-B'$, $E'-F'$, $J'-K'$ gegenüber Linie $A-B$, $E-F$, $J-K$.)

Die Mittelwerte für die Pumpenförderhöhen, die Kesseldrücke und den Arbeitsaufwand in den Bereichen mit selbsttätigem Schaltspiel einer Pumpe können hier, zum Unterschied gegenüber der normalen Stufendruckschaltung, nicht über den ganzen Bereich gleichbleibend, auch nicht annäherungsweise, angenommen werden, weil die Schaltdrücke sich mit der Verbrauchsmenge ändern. Sie müssen für jede Verbrauchsmenge einzeln nach der in Kap. XI, E, a angegebenen Näherungsmethode ermittelt werden. Demgemäß ergibt sich für den

Bereich von $Q_v = 0$ bis 520 l/min

$Q_v = 0$ ....$(Q_m' = 595$ l/min)..$A_{m1} = 0{,}233$ kWh/m³..$H_{m1} = 49{,}5$ m
$Q_v = 250$ l/min..$(Q_m' = 590$ l/min)..$A_{m1} = 0{,}235$ kWh/m³..$H_{m1} = 49{,}8$ m
$Q_v = 500$ l/min..$(Q_m' = 581$ l/min)..$A_{m1} = 0{,}238$ kWh/m³..$H_{m1} = 50{,}9$ m

Bereich von $Q_v = 655$ bis 1005 l/min

$Q_v = 700$ l/min..$(Q_m'' = 1190$ l/min)..$A_{m2} = 0{,}233$ kWh/m³..$H_{m2} = 49{,}5$ m
$Q_v = 850$ l/min..$(Q_m'' = 1164$ l/min)..$A_{m2} = 0{,}239$ kWh/m³..$H_{m2} = 51{,}0$ m
$Q_v = 1000$ l/min..$(Q_m'' = 1122$ l/min)..$A_{m2} = 0{,}245$ kWh/m³..$H_{m2} = 52{,}7$ m

Bereich von $Q_v = 1120$ bis 1400 l/min

$Q_v = 1250$ l/min..$(Q_m''' = 1674$ l/min)..$A_{m3} = 0{,}247$ kWh/m³..$H_{m3} = 53{,}0$ m
$Q_v = 1400$ l/min..$(Q_m''' = 1584$ l/min)..$A_{m3} = 0{,}257$ kWh/m³..$H_{m3} = 55{,}5$ m

In Abb. 82 sind aber nicht die Näherungswerte, sondern die genau errechneten Werte in den Wellenlinien $A-B$, $E-F$ und $J-K$ eingetragen.

Die größte Schalthäufigkeit tritt, wie im Kap. XI, A, a ausgeführt wurde, dann auf, wenn die Verbrauchsmenge gleich ist dem halben arithmetischen Mittel aus den Pumpenliefermengen beim Ein- und Ausschaltdruck. Für den Bereich $Q_v = 0$ bis 520 l/min beträgt nach den oben festgestellten Mittelwerten Q_m' das halbe Mittel etwa $588/2 = 294$ l/min. Bei dieser Verbrauchsmenge tritt laut Abb. 82 entsprechend der Schalterkennlinie ein Einschaltdruck von 44,5 und ein Ausschalt-

Mehrere gleiche Pumpen, druckabhängige Ein- und Ausschaltung. 103

druck von 55,5 m WS auf. Nach Abb. 62 ist hiefür $x = 0{,}17$, so daß sich unter Annahme der gleichen geringen Schaltzahl von $z = 5$ ein nutzbarer Kesselinhalt von $J = 1{,}0 \cdot \dfrac{15 \cdot 588}{0{,}17 \cdot 5} = 10000$ Liter ergibt.

Weil die Kesseldrücke in den Verbrauchsmengenbereichen über 520 l/min nicht niederer, meistens, wie erwünscht, sogar größer sind als im Bereich 0 bis 520 l/min, ist ein Druckhöhenfaktor bei der Ermittlung der Kesselgröße, wie dieser bei der normalen Stufendruckschaltung nach Kap. XI, E, a erforderlich war, hier nicht nötig.

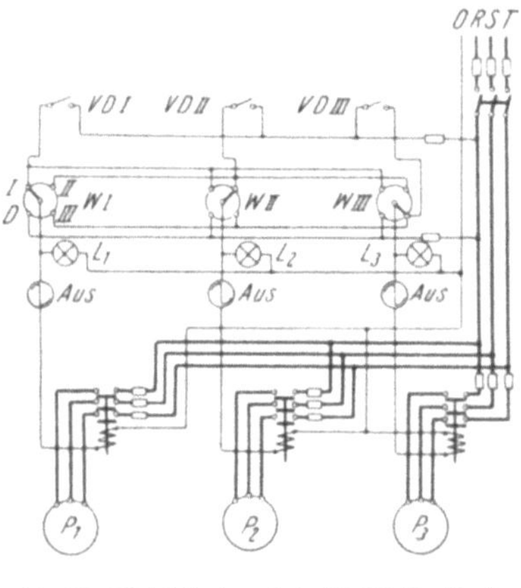

Das Gesamtvolumen des Kessels wird bei Annahme eines Totvolumens von etwa 16 v. H., rund $V = 12000$ Liter, aufgeteilt auf zwei Einzelkessel. In Abb. 82 sind die genau errechneten Werte für die Kesselfüll- und -entleerzeiten sowie die Linie für die Gesamtdauer eines Schaltspiels eingetragen, und zwar unter Zugrundelegung eines nutzbaren Kesselinhaltes von 10000 Liter.

Abb. 83. Elektrisches Schaltbild für Stufendruckschaltung dreier Pumpen mittels Verbrauchsdruckschalter.

Anwendung. Derart gesteuerte Pumpwerke finden gewöhnlich dort Verwendung, wo größte Wirtschaftlichkeit und möglichst gleichbleibender Druck an den Verbraucherstellen gefordert wird. Der durch das Venturirohr entstehende Druck- und Leistungsverlust ist äußerst gering, weil

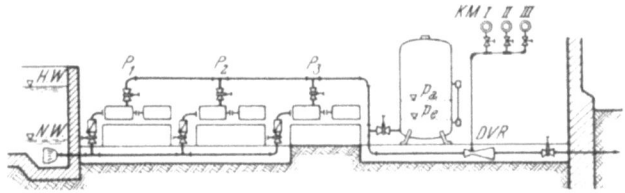

Abb. 84. Pumpwerk mit drei gleichen Pumpen in Stufendruckschaltung mit an ein Doppelventurirohr angeschlossenen Kontaktmanometern.

das Venturirohr nur für einen sehr kleinen Druckabfall bemessen werden muß. Im übrigen weist diese Steuerungsart alle Vorteile der normalen Stufendruckschaltung auf.

Eine grundsätzlich ähnliche Wirkung der Vermeidung überhöhter Pumpwerksdrücke bei kleinen Verbrauchsmengen und Erzielung möglichst gleichbleibender Auslaufdrücke sowie größter Wirtschaftlichkeit läßt sich unter Verwendung normaler Druckschalter oder Kontaktmanometer, wie in Abb. 84 gezeigt, nach folgender Überlegung erreichen.

Würden die druckabhängigen Steuergeräte (Druckschalter oder Kontaktschalter) hydraulisch nicht an den Druckwindkessel oder an eine nahe daran gelegene Stelle der Druckleitung, sondern nahe der ungünstigst gelegenen Auslaufstelle an das Rohrnetz angeschlossen, dann könnten die Drücke an dieser Stelle unabhängig von der Größe des Gesamtverbrauches nur um die grundsätzlich erforderliche Druckdifferenz zwischen Ein- und Ausschaltdruck schwanken. (Auslaufdruckschaltung.) Darüber hinaus würden die Drücke bei kleinen Gesamtverbrauchsmengen um den Wert des Stufenunterschiedes der den einzelnen Pumpen zugehörigen druckabhängigen Steuergeräte größer werden als theoretisch notwendig ist. Die Überhöhung des Druckes bei kleinen Verbrauchsmengen, wie sie bei der normalen Stufendruckschaltung durch Nichtberücksichtigung des veränderlichen Rohrnetzwiderstandes auftritt, ist aber hier ausgeschaltet.

Um lange elektrische Steuerleitungen von solcherart an ungünstigen Verbraucherstellen angeordneten Druckschaltern oder Kontaktmanometern zum Pumpwerk zu vermeiden, wird im Pumpwerk künstlich eine Stelle geschaffen, an der immer ein dem gewünschten Auslaufdruck gleicher Druck herrscht. Das geschieht in einem Doppelventurirohr, das in die vom Pumpwerk abgehende Hauptverbraucherleitung eingebaut wird. Der Gesamtverlust eines solchen (s. Abb. 85) ist bedeutend geringer als der eines einfachen Venturirohres mit gleichem Druckabfall in der Einschnürung, weil der größte Teil der Durchflußmenge im großen Venturirohr nur einem geringen Druckabfall unterliegt und nur eine kleine Menge durch das Venturirohr fließt, in welchem der gewünschte Druckabfall erzielt wird. Dieser Druckabfall wird gleich dem Rohrnetzwiderstand gewählt. Die an die engste Stelle des kleinen Venturirohres angeschlossenen Steuergeräte werden so eingestellt, daß der Einschaltdruck der dritten Pumpe gleich ist dem gewünschten Auslaufdruck. Die Schaltdrücke der Geräte bleiben immer die gleichen, die Pumpwerksdrücke hingegen sind um den jeweiligen Druckabfall des Doppelventurirohres höher als die Schaltdrücke.

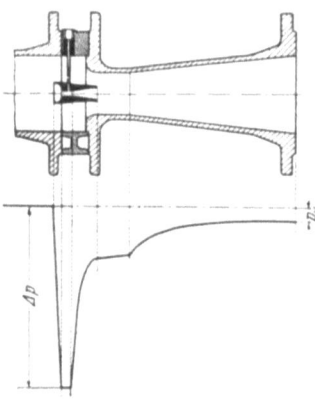

Abb. 85. Doppelventurirohr und Druckverlauf in diesem.

Man kann die bei kleinen Verbrauchsmengen um den Stufenunterschied höheren Pumpwerksdrücke in Ausgleich mit der Tatsache bringen, daß die Rohrnetzwiderstände nicht rein quadratisch mit der Verbrauchsmenge kleiner werden, sondern bei kleinen Verbrauchsmengen höher liegen als dem parabolischen Verlauf der Linie H_n entspricht, wie bereits im Kap. XI, E, b erwähnt.

Abb. 86 zeigt das hydraulische Arbeitsbild des Pumpwerkes und die Bereiche der einzelnen Pumpen. Zu Vergleichszwecken ist wieder das

Mehrere gleiche Pumpen, druckabhängige Ein- und Ausschaltung. 105

gleiche Beispiel wie bei der normalen Stufendruckschaltung in Anwendung gebracht. Die Kontaktmanometer oder Druckschalter sind auf folgende Schaltdrücke eingestellt:

$KM\ I\ \ldots\ e' = 48{,}5$ m WS $KM\ II\ \ldots\ e'' = 45{,}5$ m WS
$\qquad\ a' = 59{,}5$ m WS $\qquad\ a'' = 56{,}5$ m WS
$KM\ III\ \ldots\ e''' = 42{,}5$ m WS
$\qquad\ a''' = 53{,}5$ m WS

Die Linien e' und a' bzw. e'' und a'' sowie e''' und a''' sind die im Pumpwerk entstehenden Kesseldrücke beim Ein- und Ausschalten der drei Kontaktmanometer in den Bereichen des selbsttätigen Schaltspieles einer Pumpe, unter der im Kap. XI, E, a getroffenen Voraussetzung, daß die Kesseldrücke gleich sind den Pumpendrücken. Die Linien $A - B$,

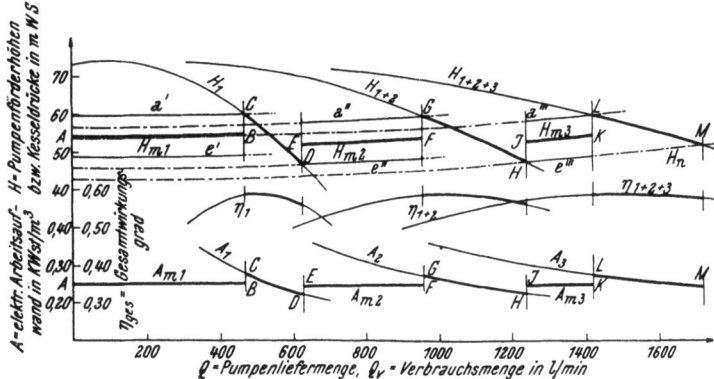

Abb. 86. Hydraulisches Arbeitsbild des Pumpwerkes mit drei gleichen Pumpen in Stufendruckschaltung mit an ein Doppelventurirohr angeschlossenen Kontaktmanometern.

$E - F$ und $J - K$ sind die Mittelwerte für den Kesseldruck bzw. Arbeitsaufwand, wobei die Einzelwerte bei den verschiedenen Verbrauchsmengen näherungsweise bestimmt wurden: der mittlere Arbeitsaufwand ist jeweils gleich jenem bei einer Pumpenliefermenge $Q_{m'} = (Q_e + Q_a)/2$ und die mittlere Förderhöhe (bzw. der mittlere Kesseldruck) das arithmetische Mittel aus der jeweiligen Ein- und Ausschaltförderhöhe (bzw. Ein- und Ausschaltdruck im Kessel).

Dementsprechend ergibt sich für den

Bereich $Q_v = 0$ bis 470 l/min:

$Q_v =\ \ \ 0\ \ \ldots\ldots\ (Q_{m'} = 546$ l/min) $\ldots A_{m1} = 0{,}250$ kWh/m³ $\ldots H_{m1} = 54{,}0$ m
$Q_v = 250$ l/min $\ldots (Q_{m'} = 543$ l/min) $\ldots A_{m1} = 0{,}251$ kWh/m³ $\ldots H_{m1} = 54{,}2$ m
$Q_v = 450$ l/min $\ldots (Q_{m'} = 539$ l/min) $\ldots A_{m1} = 0{,}253$ kWh/m³ $\ldots H_{m1} = 54{,}6$ m

Bereich $Q_v = 625$ bis 960 l/min:

$Q_v = 650$ l/min $\ldots (Q_{m''} = 565$ l/min) $\ldots A_{m2} = 0{,}243$ kWh/m³ $\ldots H_{m2} = 52{,}3$ m
$Q_v = 800$ l/min $\ldots (Q_{m''} = 558$ l/min) $\ldots A_{m2} = 0{,}247$ kWh/m³ $\ldots H_{m2} = 53{,}0$ m
$Q_v = 950$ l/min $\ldots (Q_{m''} = 547$ l/min) $\ldots A_{m2} = 0{,}259$ kWh/m³ $\ldots H_{m2} = 53{,}9$ m

Bereich $Q_v = 1240$ bis 1420 l/min:
$Q_v = 1250$ l/min.. $(Q_m''' = 568$ l/min).. $A_{m3} = 0{,}247$ kWh/m³ .. $H_{m3} = 53{,}0$ m
$Q_v = 1400$ l/min.. $(Q_m''' = 543$ l/min).. $A_{m3} = 0{,}251$ kWh/m³ .. $H_{m3} = 54{,}3$ m

Man erkennt aus Abb. 86, daß die Pumpenförderhöhen bzw. die Kesseldrücke bei kleinen Verbrauchsmengen bedeutend niederer sind als bei der normalen Stufendruckschaltung, und daß dementsprechend auch der Arbeitsaufwand geringer ist. Die grundsätzliche Arbeitsweise ist auch hier die gleiche wie bei der normalen Stufendruckschaltung.

Die Bestimmung der Kesselgröße erfolgt in ähnlicher Weise wie bei den beiden vorbeschriebenen Pumpwerken:

$$J = 1{,}0 \cdot \frac{15 \cdot 543}{0{,}16 \cdot 5} = 10000 \text{ Liter.}$$

Auch hier ist bei der Windkesselbemessung ein Druckhöhenfaktor wie in Kap. XI, E, a nicht erforderlich, weil die Kesseldrücke bei größerem Verbrauch praktisch nicht unter die Werte im Bereich 0 bis 470 l/min sinken.

Hiebei ist ein mittlerer Einschaltdruck im Kessel von 48,8 m WS und der zugehörige Ausschaltdruck von 59,8 m WS entsprechend einer mittleren Pumpenliefermenge von 543 l/min für den Verbrauchsbereich 0 bis 470 l/min, aus Abb. 86 abgelesen, zugrunde gelegt. Angenommen wird wieder eine stündliche Schaltzahl von $z = 5$ je Stunde und aus Abb. 62 ein Wert $x = 0{,}16$. Das Gesamtkesselvolumen ist bei einem Totvolumen von 16% mit zirka 12000 Liter zu bemessen.

Pumpwerke dieser Art verwendet man, wenn nicht besonders hohe Rohrwiderstände gegeben sind. Ein Vorteil ist die Möglichkeit der Verwendung normaler handelsüblicher Steuergeräte bei Inkaufnahme des Doppelventurirohres.

F. Pumpwerk mit mehreren gleichen Pumpen bei druckabhängiger Ein- und Ausschaltung und verbrauchsmengenabhängiger Zu- und Abschaltung.

Beschreibung. Im Aufbau und in der grundsätzlichen Arbeitsweise gleicht auch dieses Pumpwerk (s. Abb. 87 bis 89) den vorbeschriebenen. Der Unterschied besteht darin, daß nur ein einziges druckabhängiges

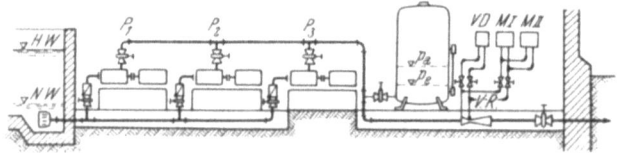

Abb. 87. Pumpwerk mit drei gleichen Pumpen mit druckabhängiger Steuerung einer und verbrauchsmengenabhängiger Zuschaltung weiterer Pumpen.

Steuergerät vorhanden ist und die Zuschaltung weiterer Pumpen mittels Mengenschalter nach den Abb. 16 bis 25 erfolgt, wobei das selbsttätige Schaltspiel einer der laufenden Pumpen erhalten bleibt.

Gleiche Pumpen, druck- und verbrauchsmengenabhängige Schaltung. 107

Als druckabhängige Steuergeräte kommen in Frage:
a) ein Druckschalter oder ein Kontaktmanometer, angeschlossen an den Druckwindkessel;
b) ein Verbrauchsdruckschalter in Verbindung mit einem in die Verbrauchsleitung eingebauten Venturirohr;
c) ein Druckschalter oder ein Kontaktmanometer in Verbindung mit einem in die Verbrauchsleitung eingebauten Doppelventurirohr;
d) ein Druckschalter oder ein Kontaktmanometer in Verbindung mit einem liefermengenabhängigem Steuergerät.

Die Steuerung kann nun derart erfolgen, daß nur die erste Pumpe druckabhängig ein- und ausgeschaltet wird (Abb. 88, Var. a) und die anderen verbrauchsmengenunabhängig, immer nur dauernd laufend zugeschaltet werden. Das selbsttätige Ein- und Ausschaltspiel obliegt nur der ersten Pumpe, aber in allen drei Bereichen.

Man kann aber bei zusätzlicher Verwendung von entsprechenden Hilfsschützen die Steuerung so ausbilden, daß durch den verbrauchsmengenabhängigen Schalter die zugeschaltete Pumpe an das druckabhängige Steuergerät gelegt und die bisher von diesem gesteuerte Pumpe in Dauerlauf umgelegt wird (Um- und Rückschaltung des druckabhängigen Schaltgerätes, Abb. 88, Var. b). Damit wird erreicht, daß die zugeschaltete Pumpe in ihrem entsprechenden Bereich mit selbsttätigem Ein- und Ausschaltspiel arbeitet, während die erste Pumpe dauernd läuft, ganz so, wie das bei den vorbeschriebenen Pumpwerken der Fall ist. Die Abschaltung einer zugeschalteten Pumpe erfolgt hiebei nicht verbrauchsmengenabhängig, sondern druckabhängig;

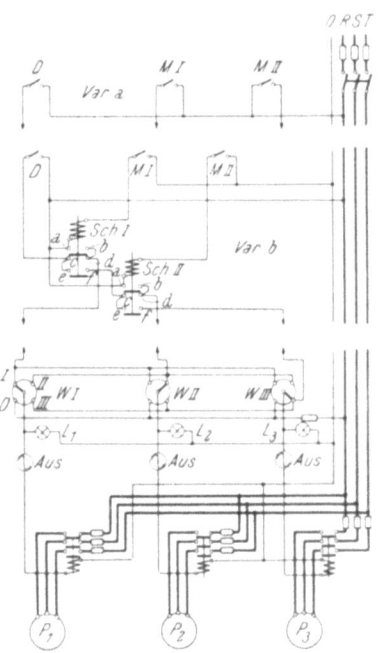

Abb. 88. Elektrisches Schaltbild für das Pumpwerk nach Kap. XI, F.

lediglich die Rückschaltung bei sinkendem Verbrauch wird mengenabhängig bewirkt. Die Kontakte der Hilfsschütze müssen so ausgebildet sein, daß die Schließung der Kontakte a und b noch vor dem Öffnen der Kontakte c und d erfolgt, sonst würde bei der Umschaltung des druckabhängigen Steuerorgans zwischenzeitig die laufende Pumpe kurzzeitig abgeschaltet, bevor sie auf Dauerlauf umgeschaltet ist.

In den Abbildungen ist zum besseren Vergleich mit den vorbeschriebenen Pumpwerken wieder ein Pumpwerk für den gleichen Zweck, die gleiche Leistung und mit den gleichen Pumpen zugrunde gelegt. Beschrieben wird ein solches mit einem Verbrauchsdruckschalter mit Umschaltung desselben auf die jeweils zugeschaltete Pumpe (Var. b).

Arbeitsweise. Bei kleinem Verbrauch zwischen 0 und 545 l/min läuft die erste Pumpe mit selbsttätigem Ein- und Ausschaltspiel; bei Mengen zwischen 545 und 650 l/min läuft sie dauernd. Wird der Verbrauch größer als 650 l/min, dann schließt der Mengenschalter $M\,I$ seinen Kontakt; dadurch erhält das Hilfsschütz $Sch\,I$ Spannung, zieht an und schaltet hiebei die erste Pumpe über die Kontakte a und b in Dauerlauf und die zweite über die Kontakte e und f von $Sch\,I$ und c und d von $Sch\,II$ an den Verbrauchsdruckschalter. Bei Verbrauchsmengen zwischen 650 und 1030 l/min läuft die erste Pumpe dauernd, die zweite mit selbsttätigem Schaltspiel. Im Bereich 1030 bis 1240 l/min laufen beide Pumpen dauernd.

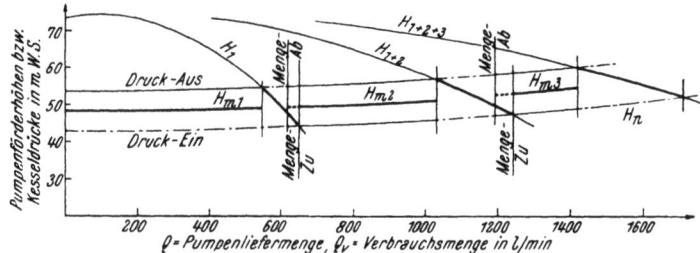

Abb. 89. Hydraulisches Arbeitsbild des Pumpwerkes nach Kap. XI, F.

Bei der Leistungsgrenze beider Pumpen, bei 1240 l/min schließt der Mengenschalter $M\,II$ seinen Kontakt, das Hilfsschütz $Sch\,II$ zieht an, schaltet die zweite Pumpe in Dauerlauf und die dritte Pumpe an den Verbrauchsdruckschalter. Im Bereich von 1240 bis 1420 l/min laufen die beiden ersten Pumpen dauernd, die dritte mit selbsttätigem Schaltspiel. Bei großen Verbrauchsmengen zwischen 1420 und 1710 l/min laufen alle drei Pumpen dauernd.

Beim Rückgang des Verbrauches erfolgt die Abschaltung der Pumpen bzw. die Rückschaltung des Verbrauchsdruckschalters nicht bei den gleichen Verbrauchsmengen, wie bei der Zuschaltung, sondern bei etwas geringeren, weil der Mechanismus der Schalter ein bestimmtes Spiel erfordert.

Der Verbrauchsdruckschalter wird in Verbindung mit dem Venturirohr so bemessen, daß das Ansteigen seiner Schaltdrücke gleich ist dem Ansteigen des Rohrwiderstandes mit steigendem Verbrauch. Er wird bei der Verbrauchsmenge Null auf einen Einschaltdruck von 42,5 m WS und einen Ausschaltdruck von 53,5 m WS eingestellt. Die Linie H_n stellt in diesem Falle jene Drücke dar, welche im Kessel beim jeweiligen Einschalten der Pumpen herrschen. Wie aus dem Arbeitsbild ersichtlich ist, entstehen bei dieser Schaltungsart die geringst notwendigen Drücke im Pumpwerk, wenn parabolischer Anstieg des Rohrnetzwiderstandes angenommen wird. Im Arbeitsbild sind die mittleren Pumpwerksdrücke nach der Näherungsmethode eingetragen.

Anwendung. Diese Steuerart ist einfach und übersichtlich; sie kann in allen Fällen der drei vorbeschriebenen Pumpwerke verwendet werden. Ein Nachteil jeder verbrauchsmengenabhängigen Zu- oder Umschaltung ist der, daß beim Versagen einer Pumpe nicht eine andere sofort an deren Stelle automatisch einspringt, wie das bei der druckabhängigen Zuschaltung der Fall ist. Versagt die erste Pumpe aus irgendeinem Grunde, z. B. wegen eines plötzlich auftretenden Fehlers im Motoranlasser oder wegen eines Motordefektes, dann fällt das ganze Pumpwerk aus. Die zweite Pumpe wird verbrauchsmengenabhängig erst bei einer bestimmten Verbrauchsmenge, die annähernd gleich ist der Leistungsgrenze der ersten Pumpe, zugeschaltet. Ist im Augenblick des Ausfalles der Verbrauch gering, dann kann schon aus diesem Grunde keine Zuschaltung erfolgen. Der Speicherinhalt des Kessels ist aber schnell verbraucht, so daß auch bei steigendem Verbrauch die zweite Pumpe nicht zugeschaltet werden kann, weil die erforderliche Verbrauchsmenge nicht mehr vorhanden ist. Es hört jede Wasserlieferung des Pumpwerkes auf. Dieser Nachteil oder Mangel des beschriebenen Pumpwerkes mit verbrauchsmengenabhängiger Zuschaltung ist nur halb so schlimm, als dies nach der vorstehenden Schilderung erscheint. Bei richtiger Wartung aller Teile des Pumpwerkes, insbesonders der elektrischen Steuer- und Schaltgeräte, ist mit einem plötzlichen Versagen einer Pumpe gar nicht zu rechnen. Der geschilderte Mangel soll daher, weil nicht wesentlich, keineswegs zu einer grundsätzlichen Ablehnung der mengenabhängigen Zuschaltung Anlaß geben. In vielen Fällen ist die mengenabhängige Schaltung sogar ein Vorteil, wenn hiebei schaltspielfreies Arbeiten einer Pumpe im Dauerlauf erreicht werden soll.

G. Pumpwerk mit mehreren gleichen Pumpen bei druckabhängiger Ein- und Ausschaltung und zeitbedingter Zu- und Abschaltung.

Beschreibung und Arbeitsweise. Dieses Pumpwerk (s. Abb. 90 bis 92) gleicht im Aufbau und in der grundsätzlichen Wirkungsweise dem vorbeschriebenen nach Variante b, mit Umschaltung des druckabhängigen Steuergerätes auf die jeweils zugeschaltete Pumpe. An Stelle der mengenabhängigen Zuschaltung tritt eine zeitbedingte, derart, daß dann, wenn das Kontaktmanometer eine bestimmte Zeit hindurch in der Einschaltstellung bleibt oder dann, wenn trotz des Laufes einer Pumpe der Pumpwerksdruck infolge größeren Verbrauches auf den Einschaltdruck abfällt, die nächste Pumpe zugeschaltet wird. Die Zuschaltung erfolgt immer an der Leistungsgrenze der gerade in Betrieb befindlichen Pumpen oder beim Versagen einer von ihnen.

Als druckabhängiges Steuergerät kommt nur ein Kontaktmanometer in Verbindung mit einem Differentialrelais in Frage; dieses kann entweder an den Windkessel oder an ein Doppelventurirohr angeschlossen werden. Im ersten Fall ergeben sich gleichbleibende Schaltdrücke über den ganzen Verbrauchsmengenbereich, im zweiten Fall steigen die Pumpwerksdrücke mit steigendem Verbrauch an. Im folgenden Beispiel wird die zweitgenannte Steuerungsart beschrieben wieder auf Grundlage der gleichen Pumpen, wie in den vorbeschriebenen Anlagen angenommen.

Beim gänzlichen Stillstand des Pumpwerkes und beim Lauf nur der ersten Pumpe sind die beiden Zeitrelais mit verzögerter Kontaktschließung

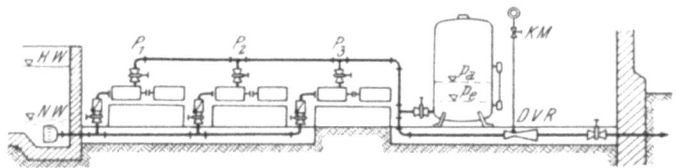

Abb. 90. Pumpwerk mit drei gleichen Pumpen in druckabhängiger Steuerung einer und zeitbedingter Zuschaltung weiterer Pumpen.

$Z\,R\,I\,a$ und $Z\,R\,II\,a$ erregt und daher im angezogenen Zustand. Die Zeitrelais $Z\,R\,I$ und $Z\,R\,II$ hingegen, ebenfalls mit verzögerter Kontaktschließung, sind bei Stillstand des Pumpwerkes nicht erregt; tritt ein geringer Wasserverbrauch ein, dann wird die Speichermenge des Windkessels verbraucht, der Druck in ihm sinkt, bis schließlich der bewegliche Zeiger des Kontaktmanometers den Unterwertschließkontakt (Einschaltdruck) berührt; dadurch erhält die Einschaltspule des Differentialumschalters $D\,U\,I$ über den Schalthebel derselben Spannung und legt

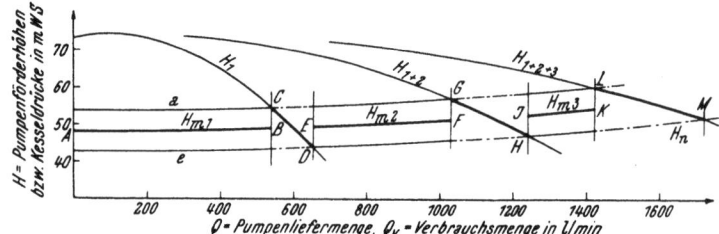

Abb. 91. Hydraulisches Arbeitsbild des Pumpwerkes nach Kap. XI, G.

den Hebel von der nach rechts gezeichneten Stellung nach links um. Nun ist der Steuerstromkreis für den Motoranlasser der ersten Pumpe geschlossen, diese läuft an. Gleichzeitig mit dem Umlegen des Schalthebels erhält die Spule des Zeitrelais $Z\,R\,I$ Spannung, die Kontakte schließen verzögert nach 20 bis 30 Sekunden. In der Zwischenzeit hat die Pumpe die volle Förderung aufgenommen und den Förderüberschuß in den Windkessel gepumpt; dadurch ist der Druck in diesem, wenn auch nur sehr wenig, jedoch so weit angestiegen, daß der bewegliche Zeigerkontakt des Kontaktmanometers den Unterwertschließkontakt nicht mehr berührt. Deshalb bleibt die Kontaktschließung von $Z\,R\,I$ vorhanden wirkungslos. Bleibt der Verbrauch klein, dann steigt der Kesseldruck, bis schließlich der Ausschaltdruck erreicht wird; der Zeigerkontakt des Kontaktmanometers berührt den Oberwertschließkontakt. Dadurch erhält die Ausschaltspule von $D\,U\,I$ über die Kontakte des angezogenen Zeitrelais $Z\,R\,I\,a$

Spannung und legt den Schalthebel von der linken in die nach rechts schaltende Lage um. Der Steuerstromkreis für den Motoranlasser wird unterbrochen, die Pumpe ausgeschaltet. Gleichzeitig wird die Spule von ZRI spannungslos, das Relais fällt ab und öffnet seine Kontakte sofort. Beim abermaligen Erreichen des Einschaltdruckes kann wieder nur die erste Pumpe eingeschaltet werden.

Wird der Verbrauch größer, zwischen 540 und 655 l/min, dann tritt Dauerlauf der ersten Pumpe ein. Wird deren Leistungsgrenze beim Verbrauch von 655 l/min erreicht, dann sinkt der Druck im Pumpwerk auf den Einschaltdruck des Kontaktmanometers; dessen Impuls wird über die geschlossenen Kontakte des angezogenen Zeitrelais ZRI an die Einschaltspule des Differentialrelais $DUII$ weitergeleitet, der Steuerhebel von rechts nach links umgelegt. Damit wird der Steuerstromkreis für den Motoranlasser der zweiten Pumpe geschlossen, diese läuft an. Gleichzeitig wird die Spule von $ZRIa$ spannungslos, das Relais fällt ab und verhindert dadurch ein Ausschalten der ersten Pumpe bei Druckanstieg bis zum Ausschaltdruck. Weiters erhält über den nach links gelegten Schalthebel von $DUII$ die Spule von $ZRII$ Spannung, so daß sich dessen Kontakte nach etwa 20 bis 30 Sekunden

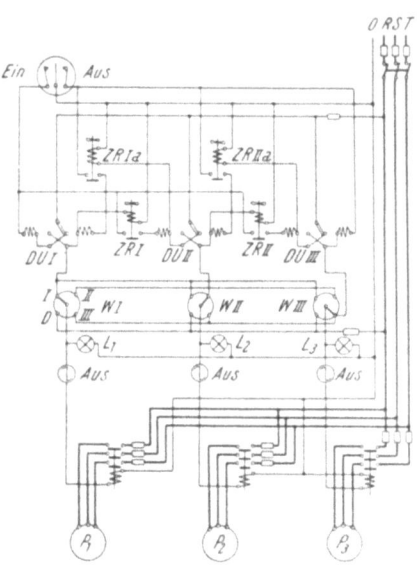

Abb. 92. Elektrisches Schaltbild des Pumpwerkes nach Kap. XI, G.

verzögert schließen. Ist der Verbrauch kleiner als die Summenliefermenge der ersten und zweiten Pumpe, etwa zwischen 655 und 1030 l/min, dann bleibt die Kontaktschließung von $ZRII$ wirkungslos, weil der Lieferüberschuß der beiden Pumpen in den Kessel gefördert wird und der dadurch bedingte Druckanstieg eine Trennung des Zeiger- vom Unterwertschließkontakt bewirkte. Steigt der Druck bis zum Ausschaltdruck, dann wird der Ausschaltimpuls des Kontaktmanometers über die geschlossenen Kontakte von $ZRIIa$ an die Ausschaltspule von $DUII$ weitergegeben, dessen Steuerhebel von links nach rechts umgelegt und die zweite Pumpe abgeschaltet. Gleichzeitig wird die Spule von $ZRII$ spannungslos, das Relais fällt ab, die Spule von $ZRIa$ wird an Spannung gelegt, das Relais schließt verzögert seine Kontakte. Die Steueranlage ist bereit, bei sinkendem Verbrauch auch die erste Pumpe auszuschalten oder bei anhaltendem oder steigendem Verbrauch die zweite Pumpe wieder zuzuschalten. Sinngemäß ergibt sich bei noch größerem Verbrauch das Zu- und Abschalten der dritten Pumpe.

Anwendung. Diese Steuerart ist sehr einfach im Aufbau, erfordert aber Sondergeräte, nämlich Differentialumschalter. Sie hat, wie Pumpwerke mit druckabhängiger Zuschaltung, den Vorteil, daß beim Ausfall einer Pumpe die nächste in der Reihe längstens nach der Laufzeit des Zuschaltrelais selbsttätig an deren Stelle tritt. Die zeitbedingte Zuschaltung macht das Pumpwerk in manchen Fällen etwas träge; es kommt bei sehr raschem Wechsel von einer kleinen zu einer großen Verbrauchsmenge der zeitgerechten Zuschaltung einer Pumpe nicht immer sofort nach. In den meisten Fällen aber ist mit raschen, großen Schwankungen des Verbrauches in kurzen Zeitabständen nicht zu rechnen. Diese Steuerart ist äußerst wirtschaftlich, weil sie ohne überflüssige Überdrücke arbeitet.

H. Pumpwerk mit mehreren Pumpen gleicher Förderhöhe, aber verschiedener Liefermenge bei druckabhängiger Ein- und Ausschaltung und verbrauchsmengenabhängiger Um- und Rückschaltung bzw. Zu- und Abschaltung.

Beschreibung. Dieses Pumpwerk besitzt eine kleinere und zwei einander gleiche größere Pumpen (s. Abb. 93). Der Windkessel wird mittels einer Stichleitung an die Hauptdruckleitung angeschlossen. In diese ist ein

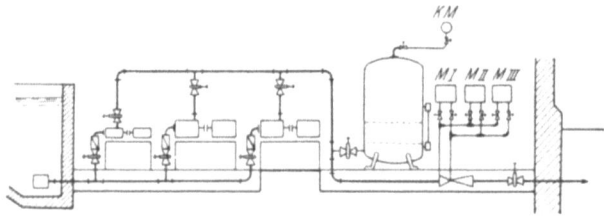

Abb. 93. Pumpwerk mit in der Liefermenge verschiedenen Pumpen mit druckabhängiger Steuerung der kleinsten und verbrauchsmengenabhängiger Um- bzw. Zuschaltung größerer.

Venturirohr eingebaut, in dem der für drei Mengenschalter erforderliche Wirkdruck erzeugt wird. An den Windkessel wird das Kontaktmanometer angeschlossen.

Arbeitsweise. Bei kleinen Verbrauchsmengen bis 412 l/min, wie in Abb. 94 beispielsweise angenommen wurde, arbeitet die kleine Pumpe, gesteuert vom Kontaktmanometer (Einschaltdruck $e = 43{,}0$ m WS; Ausschaltdruck $a = 52{,}0$ m WS) mit selbsttätigem Ein- und Ausschaltspiel. Bei Verbrauchsmengen zwischen 412 und 662 l/min läuft sie dauernd. Wird die Leistungsgrenze der kleinen Pumpe erreicht, dann schließt der Mengenschalter $M\,I$ seinen Kontakt (s. Abb. 95) und damit den Steuerstromkreis für den Motoranlasser der ersten der beiden größeren Pumpen; diese läuft an. Gleichzeitig wird das Relais R erregt, es unterbricht den Hilfsstromkreis für das Zwischenrelais des Kontaktmanometers; in weiterer Folge wird der Steuerstromkreis des Motoranlassers der kleinen Pumpe unterbrochen und diese abgeschaltet. Es erfolgt eine verbrauchsmengen-

Verschiedene Pumpen, druck- und verbrauchsmengenabhängige Schaltung 113

abhängige Umschaltung von der kleinen auf eine der beiden größeren Pumpen. Bei Verbrauchsmengen zwischen 662 und 1263 l/min läuft die erste größere Pumpe allein, und zwar dauernd. Wird die Leistungsgrenze dieser erreicht, dann schließt der Mengenschalter M II seinen Kontakt

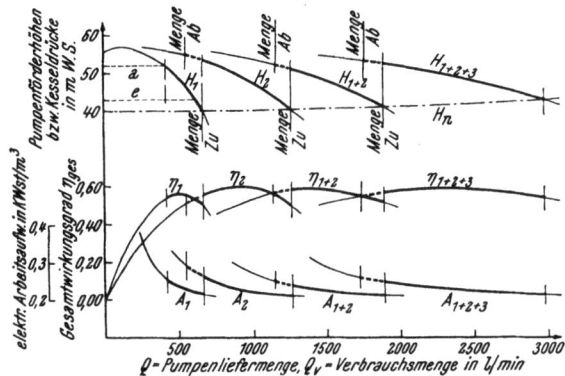

Abb. 94. Hydraulisches Arbeitsbild des Pumpwerkes nach Kap. XI, H.

und schaltet die kleine Pumpe der laufenden größeren über eine zweite Steuerleitung zu, ohne daß das Kontaktmanometer in Wirkung treten kann, weil das Relais R solange angezogen bleibt, als die erste größere Pumpe läuft. Bei Verbrauchsmengen zwischen 1262 und 1888 l/min laufen beide Pumpen im Dauerlauf, ohne jedes Ein- und Ausschaltspiel. Steigt der Verbrauch weiter, dann schaltet der Mengenschalter M III die zweite größere Pumpe den beiden laufenden Pumpen zu. Im Verbrauchsmengenbereich zwischen 1888 und 2975 l/min laufen alle drei Pumpen dauernd, ohne Schaltspiel auch nur einer von ihnen. Beim Rückgang des Verbrauches wird zuerst die zweite größere, bei weiter sinkendem Verbrauch auch die kleine Pumpe abgeschaltet. Nunmehr läuft nur die erste größere Pumpe allein. Sinkt der Verbrauch noch weiter, dann öffnet der Mengenschalter M I seinen Kontakt, die erste größere Pumpe wird abgeschaltet und das Relais R fällt ab. Dadurch wird das Kontaktmanometer betriebsbereit gemacht.

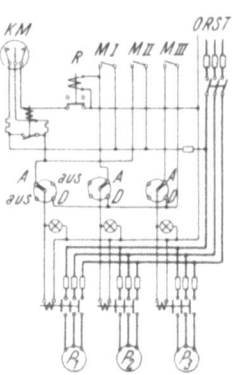

Abb. 95. Schaltbild des Pumpwerkes nach Kap. XI, H.

Wenn die Speichermenge des Windkessels verbraucht ist, sinkt der Druck im Kessel auf den Einschaltdruck des Kontaktmanometers ab, die kleine Pumpe wird eingeschaltet. Diese arbeitet, je nach der Größe des Verbrauches, entweder im Dauerlauf oder mit selbsttätigem Schaltspiel. Wird der Verbrauch gleich Null, dann ist das Pumpwerk vollständig stillgelegt. Bei dieser Steuerart kann bei Verwendung von nur drei Pumpen der ganze Verbrauchsmengenbereich in vier Teilbereiche aufgegliedert werden, wie aus Abb. 94 ersichtlich. Dieses Pumpwerk schmiegt sich gut dem schwankenden Verbrauch an.

Anwendung. Solche Pumpwerke verwendet man in erster Linie dort, wo der Widerstand des Rohrnetzes gering ist. Der Windkessel kann sehr klein gehalten werden, er wird nur unter Berücksichtigung der Verhältnisse bei der kleinen Pumpe bemessen, denn nur diese arbeitet mit selbsttätigem Schaltspiel im kleinsten Verbrauchsmengenbereich. In allen anderen Bereichen laufen die Pumpen dauernd, so daß dem Kessel nur eine Pufferwirkung beim Um- und Rückschalten bzw. beim Zu- und Abschalten zukommt.

J. Pumpwerk mit zwei kleinen Pumpen in Stufendruckschaltung und zwei größeren Pumpen bei druckabhängiger Zu- und Abschaltung bzw. Um- und Rückschaltung.

Beschreibung. Dieses Pumpwerk besitzt zwei einander gleiche kleine Pumpen und zwei sowohl in der Liefermenge als auch in der Förderhöhe bedeutend größere, ebenfalls einander gleiche Pumpen (s. Abb. 96).

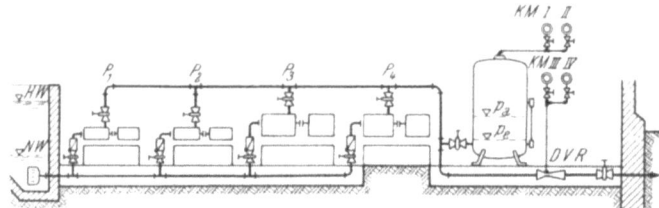

Abb. 96. Pumpwerk mit zwei gleichen kleinen und zwei gleichen großen Pumpen nach Kap. XI, J.

Als druckabhängige Steuergeräte können verwendet werden entweder Druckschalter oder Kontaktmanometer, welche an den Windkessel angeschlossen werden, oder aber Verbrauchsdruckschalter in Verbindung mit einem Venturirohr bzw. Kontaktmanometer in Verbindung mit einem Doppelventurirohr. Im folgenden Beispiel werden die beiden kleinen Pumpen durch Kontaktmanometer, die an den Windkessel angeschlossen sind, gesteuert, die beiden großen Pumpen durch Kontaktmanometer in Verbindung mit einem Doppelventurirohr, das in die Hauptverbrauchsleitung eingebaut ist. Die Steuerung der beiden kleinen Pumpen in normaler Stufendruckschaltung ergibt den Vorteil, daß diese beim Lauf einer größeren schon bei niedereren Drücken selbsttätig außer Betrieb gesetzt werden, weil ihre Ausschaltdrücke im Pumpwerk konstant bleiben und nicht mit steigendem Verbrauch höher werden.

Arbeitsweise. Die grundsätzliche Arbeitsweise (s. Abb. 97) ist folgende: Bei kleinen Verbrauchsmengen arbeitet eine kleine bzw. beide kleinen Pumpen nach der bekannten Stufendruckschaltung. Steigt der Verbrauch über das normale Maß an, dann schaltet sich vorerst eine und dann auch die

Verschiedene Pumpen, druckabhängige Zu- und Abschaltung. 115

zweite der größeren Pumpen druckabhängig zu. Ist der entstehende Pumpwerksdruck während des Anstieges des Wasserverbrauches auch nur kurze Zeit größer als der Ausschaltdruck der beiden kleinen Pumpen, dann werden diese selbsttätig ausgeschaltet. Nach dem Zuschalten der großen erfolgt eine druckabhängig gesteuerte Abschaltung der kleinen Pumpen. Während die kleinen Pumpen in ihren Bereichen auch mit selbsttätigem Ein- und Ausschaltspiel arbeiten, wird das Schaltspiel bei den großen Pumpen dadurch verhindert, daß die Fördermenge, bei der ihre Ausschaltung erfolgt (Schnitt zwischen den Linien a_3 und H_3 bzw. a_4 und H_{3+4}), geringer ist als jene, bei der sie zugeschaltet werden

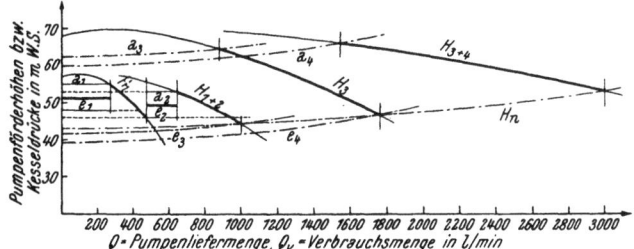

Abb. 97. Hydraulisches Arbeitsbild des Pumpwerkes nach Kap. XI, J.

(Schnitt zwischen Linie e_3 und H_{1+2} bzw. e_4 und H_3). Die beiden großen Pumpen arbeiten immer im Dauerlauf bei Pumpwerksdrücken entsprechend der Pumpenkennlinie H_3 bzw. H_{3+4}.

Das dargestellte Pumpwerk diene zur Wasserversorgung eines Industriebetriebes mit einer Fertigung und Einlagerung von feuergefährlichen Waren. Normalerweise werden nur geringe Wassermengen, etwa 200 bis 450 l/min, benötigt. Für den Fall eines Brandes aber sind große Mengen für Löschzwecke, etwa 3000 l/min, erforderlich. Das Pumpwerk ist daher so zu bemessen, daß für den Normalbetrieb große Wirtschaftlichkeit bei üblichen Drücken erreicht wird, im Brandfalle aber genügende Wassermengen bei entsprechend höheren Drücken zur Verfügung stehen.

Bei Verbrauchsmengen von 0 bis 270 l/min arbeitet die erste Grundlastpumpe mit automatischem Ein- und Ausschaltspiel, bei Mengen zwischen 270 und 480 l/min läuft sie dauernd. Die zweite kleine Pumpe übernimmt, zusammen mit der ersten, die Deckung von eventuellen Verbrauchsspitzen. Sie ist aber in erster Linie als Reservepumpe eingebaut und dient außerdem für einen weicheren Übergang auf die Maximalleistung im Brandfalle. Tritt dieser ein, schaltet sich nach dem Anschließen einiger Schlauchlinien an die Feuerhydranten vorerst die zweite Grundlastpumpe der ersten, gesteuert durch das Kontaktmanometer $KM\ II$, zu. Steigt das Wassererfordernis durch Anschluß einer Feuerspritze an die Hydrantenleitung rasch weiter an, dann wird durch das Kontaktmanometer $KM\ III$ die erste große Pumpe den beiden kleinen zugeschaltet. Es laufen vorerst alle drei Pumpen gleichzeitig im Dauerlauf bei der Einschaltförderhöhe von 44,0 m WS mit einer Summenliefermenge von $1000 + 1820 = 2820$ l/min. Weil der Windkessel verhältnismäßig klein ist und der Anstieg des Verbrauches von der Normalmenge auf diese Summenmenge nicht plötzlich erfolgen kann, steigt der Druck im Windkessel, so daß zuerst die zweite und ihr folgend die erste der beiden Grundlastpumpen durch die ihnen zugehörigen Kontaktmanometer druckabhängig abgeschaltet werden. Nun arbeitet die erste große Pumpe allein im Dauerlauf. Sie deckt einen Wasserbedarf bis 1750 l/min. Dieses entspricht dem Bedarf einer kleinen Feuerspritze von 800 l/min plus dem einiger direkt an die Hydranten angeschlossenen C-Schlauchlinien plus dem Normalverbrauch des Werkes. Wird zusätzlich noch eine größere Feuerspritze mit einem Wasserverbrauch von 1200 l/min angeschlossen, dann wird durch das Kontaktmanometer $KM\,IV$ die zweite große Pumpe der ersten zugeschaltet. Beide zusammen decken einen Verbrauch bis 3000 l/min. Beim Rückgang des Wasserbedarfes wird bei Druckanstieg in der Leitung und im Pumpwerk bei einer Förderhöhe von 66 m WS und einem Verbrauch von 1540 l/min die zweite große Pumpe druckabhängig durch das Kontaktmanometer $KM\,IV$ ausgeschaltet. Bei weiterem Rückgang bis auf 880 l/min wird durch $KM\,III$ auch die erste große Pumpe abgeschaltet. Nunmehr stehen die beiden Grundlastpumpen für die normale Wasserversorgung des Werkes betriebsbereit.

Der Windkessel ist nur für die Grundlastpumpen, also für eine mittlere Pumpenliefermenge von $(270 + 480)/2$ und einen Ein- und Ausschaltdruck entsprechend der Ein- und Ausschaltförderhöhe von 48 bzw. 55 m WS unter Berücksichtigung eines Druckabfalls beim Betrieb der zweiten Grundlastpumpe bzw. der ersten großen Pumpe zu bemessen. Der elektrische Schaltplan gleicht dem in Abb. 80. In diesem Falle müssen aber die Wahlschalter einerseits die beiden kleinen und anderseits die beiden großen Pumpen in der Einschaltreihenfolge vertauschbar machen.

Die Abschaltung der Grundlastpumpen beim Zuschalten der ersten großen Pumpe könnte zwangsläufig über ein vom Kontaktmanometer $KM\,III$ oder vom Motoranlasser der Pumpe III gesteuertes Hilfsschütz, das den Steuerstrom von $KM\,I$ und $KM\,II$ unterbricht, erzielt werden. Die im Beispiel gezeigte druckabhängige Abschaltung hat der zwangsläufigen gegenüber den Vorteil, daß beim Einschalten der ersten großen Pumpe sofort größere Wassermengen zur Verfügung stehen, weil vorerst die beiden Grundlastpumpen mitfördern.

Anwendung. Diese Steuerart findet, wie das angeführte Beispiel zeigt, vor allem dort Anwendung, wo mit einem selten auftretenden, den Normalverbrauch weit übersteigenden Spitzenverbrauch zu rechnen ist. Die rein druckabhängige Steuerung gewährleistet große Sicherheit und Einfachheit der Schaltanlage. Besonders bei Rohrnetzen mit großem Widerstand bei der Spitzenverbrauchsmenge kann durch Bemessung der großen Pumpen für entsprechend große Förderhöhen genügender Spritzdruck erzielt werden.

K. Pumpwerk mit zwei verschiedenen Pumpen bei druckabhängiger Ein- und Ausschaltung und verbrauchsmengenabhängiger Um- und Rückschaltung.

Beschreibung und Arbeitsweise. Das Pumpwerk besitzt zwei sowohl in der Liefermenge als auch in der Förderhöhe verschiedene Pumpen. Als druckabhängige Steuerorgane können entweder Druckschalter oder Kontaktmanometer verwendet werden, angeschlossen an den Windkessel, oder auch Verbrauchsdruckschalter in Verbindung mit einem Venturirohr, oder aber Druckschalter oder Kontaktmanometer in Verbindung mit einem Doppelventurirohr. Das in der

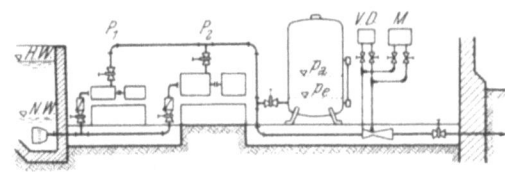

Abb. 98. Pumpwerk mit zwei verschiedenen Pumpen in druckabhängiger Steuerung mit verbrauchsmengenabhängiger Umschaltung.

Abb. 98 dargestellte Pumpwerk verwendet einen Verbrauchsdruckschalter, an dessen Venturirohr auch der Mengenschalter für die verbrauchsmengenabhängige Umschaltung angeschlossen wird.

Die grundsätzliche Arbeitsweise (s. Abb. 99) ist folgende: Bei kleinem Verbrauch zwischen 0 und 475 l/min arbeitet die erste, die kleinere Pumpe, und zwar bei Mengen zwischen 0 und 330 l/min mit selbsttätigem Schaltspiel, zwischen 330 und 475 l/min im Dauerlauf. Schließt der Verbrauchsdruckschalter bei Erreichen des Einschaltdruckes seine Kontakte, dann wird der Steuerstromkreis für den Motoranlasser der kleinen Pumpe über die geschlossenen Kontakte a und b des abgefallenen Hilfsschützes geschlossen, die Pumpe läuft an (s. Abb. 100, Var. I). Wenn der Druck im Kessel ansteigt und der Ausschaltedruck erreicht wird, dann wird

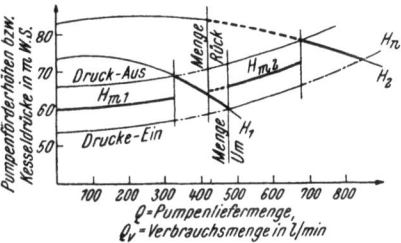

Abb. 99. Hydraulisches Arbeitsbild des Pumpwerkes nach Kap. XI, K.

durch den Verbrauchsdruckschalter der Steuerstromkreis unterbrochen, die Pumpe wieder ausgeschaltet. Überschreitet die Verbrauchsmenge den Wert 475 l/min, dann schließt der Mengenschalter seine Kontakte und damit den Stromkreis für das Hilfsschütz; dieses zieht an, unterbricht die Kontakte a und b und verbindet c und d. Dadurch wird der Steuerstromkreis zum Motoranlasser der kleinen Pumpe unterbrochen und diese außer Betrieb gesetzt. Die Schaltimpulse des Verbrauchsdruckschalters werden zum Anlasser der großen Pumpe geleitet, so daß bei Verbrauchsmengen, die größer sind als 475 l/min, die große Pumpe unter Ausschaltung der kleinen arbeitet. Die Umschaltung von der einen auf die andere Pumpe bewirkt das Hilfsschütz, gesteuert durch den Mengenschalter. Bei Verbrauchsmengen zwischen 475 und 675 l/min läuft die große Pumpe mit selbsttätigem Schaltspiel, bei größeren Mengen im Dauerlauf. Beim Rückgang der Verbrauchsmenge erfolgt das Rückschalten von der großen auf die kleine Pumpe nicht bei der gleichen Verbrauchsmenge, wie das Umschalten von der kleinen auf die große, weil der Mechanismus des Schalters einen Spielraum zwischen den beiden Schaltgrenzen besitzt. Daher arbeitet bei sinkendem Verbrauch die große Pumpe auch bei Verbrauchsmengen zwischen 475 und 420 l/min mit selbsttätigem Schaltspiel. Die Bemessung des Windkessels muß in diesem Falle unter Berücksichtigung der bei der großen Pumpe auftretenden Drücke und Liefermengen erfolgen. Außerdem ist das bei den höheren Einschaltdrücken verminderte nutzbare Kesselvolumen in Betracht zu ziehen.

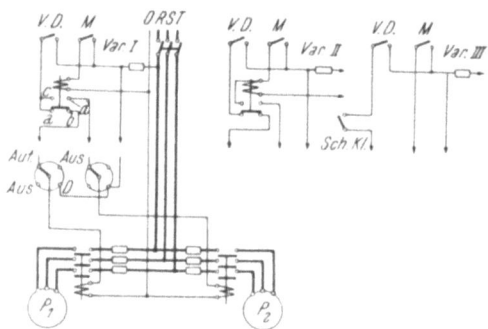

Abb. 100. Elektrisches Schaltbild des Pumpwerkes nach Kap. XI, K.

In manchen Fällen, insbesondere dann, wenn an Kesselvolumen gespart werden soll, ist es empfehlenswert, die größere Pumpe nicht mit selbsttätigem Schaltspiel arbeiten zu lassen. Das kann dadurch erreicht werden, daß beim Umschalten von der kleinen auf die große Pumpe nicht auch der Druckschalter umgeschaltet wird (Abb. 100, Var. II). Wenn der Mengenschalter seine Kontakte schließt, wird der Druckschalter und damit die kleine Pumpe außer Betrieb gesetzt, der Motoranlasser der großen Pumpe erhält den Steuerstrom über den Mengenschalter, so daß die Pumpe, solange die Kontakte des Schalters geschlossen sind, dauernd läuft. In diesem Falle kann der Windkessel auf Grund der Druck- und Liefermengenverhältnisse der kleinen Pumpe bemessen werden.

An Stelle des Hilfsschützes kann auch eine in die Pumpendruckleitung der großen Pumpe, vor deren Vereinigung mit der der kleinen eingebaute Schalterklappe verwendet werden (Abb. 100, Var. III). Deren Kontakte sind bei geschlossener Klappe geschlossen. Der Motoranlasser der kleinen Pumpe erhält den Steuerstrom über den Druckschalter, jener der großen über den Mengenschalter. Wird die große Pumpe durch den Mengenschalter eingeschaltet, dann unterbricht der Kontakt der Schalterklappe, der in Serie mit dem des Druckschalters liegt, den Steuerstromkreis der ersten Pumpe, diese wird abgeschaltet. Diese Steuerart hat den weiteren Vorteil, daß das Abschalten der kleinen Pumpe erst dann erfolgt, wenn die große tatsächlich schon fördert.

Anwendung. Die verbrauchsmengenabhängige Umschaltung von einer kleinen auf eine große Pumpe verwendet man dort, wo der Widerstand der Verbrauchsleitung sehr groß ist, die notwendigen Pumpenförderhöhen H_n mit steigendem Verbrauch rasch anwachsen. Die mengenabhängige Umschaltung hat den Nachteil, daß beim Versagen der kleinen Pumpe die größere nicht selbsttätig an ihre Stelle tritt. Es sei aber auch hier erwähnt, daß bei richtiger Wartung aller Teile des Pumpwerkes, insbesondere der elektrischen Schalt- und Steuergeräte, das Versagen einer Pumpe nie überraschend eintreten wird. Wenn die größere Pumpe versagt, schaltet sich die kleine sofort ein, weil zwangsläufig mangels genügender Fördermenge der Verbrauch kleiner wird und das Rückschalten erfolgt.

L. Pumpwerk mit fünf Pumpen verschiedener Größe bei zweckentsprechender Kombination von Steuerarten.

Beschreibung. Zwei einander gleiche Grundlastpumpen (s. Abb. 101 und 102) werden rein druckabhängig in Stufendruckschaltung gesteuert. Die dritte, eine in der Liefermenge größere, in der Förderhöhe annähernd gleiche Pumpe, wird druckabhängig an der Leistungsgrenze der beiden Grundlastpumpen zugeschaltet. Bei ihrem Betrieb wird durch eine in ihre

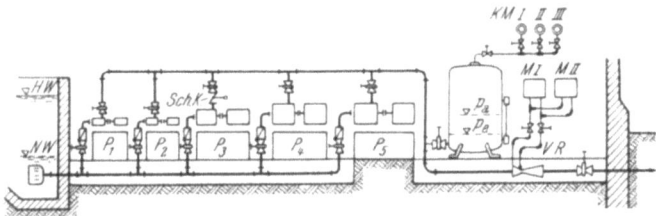

Abb. 101. Pumpwerk mit zwei gleichen kleinen, einer mittleren und zwei gleichen großen Pumpen nach Kap. XI, L.

Druckleitung eingebaute Schalterklappe mit zwei Kontaktpaaren die Ausschaltung der Grundlastpumpen bewirkt. An der Leistungsgrenze der dritten Pumpe wird verbrauchsmengenabhängig eine vierte Pumpe zugeschaltet, welche sowohl in der Liefermenge als auch in der Förderhöhe größer ist als die dritte. Deshalb wird, wenn der Verbrauch nicht plötzlich sehr hoch ansteigt, deren Förderung unterdrückt und durch die in ihrer Druckleitung eingebaute Schalterklappe die liefermengenabhängige Abschaltung bewirkt. An der Leistungsgrenze der vierten Pumpe wird verbrauchsmengenabhängig eine dieser gleichen, die fünfte Pumpe zugeschaltet, so daß bei der größten Verbrauchsmenge die beiden größten Pumpen gemeinsam fördern.

In den angeführten Abbildungen ist ein Pumpwerk für eine maximale Fördermenge von 8000 l/min, bei einem Leitungsdruck von 40 m WS, dargestellt; die geodätische Förderhöhe ist mit nur 2 m und der Reibungsverlust des Rohrnetzes bei der maximalen Verbrauchsmenge mit 13 m WS angenommen. Die Pumpen erhalten Zulauf aus einem Erdbehälter, in dem ein Vorpumpwerk das Wasser aus einem Tiefbrunnen fördert.

An den Druckwindkessel, der nur unter Bedachtnahme auf die erste Grundlastpumpe zu bemessen ist und aus diesem Grunde verhältnismäßig klein ausfällt, sind hydraulisch drei Kontaktmanometer angeschlossen; ihre Schaltdrücke werden wie folgt eingestellt:

$K\,M\,I$ ...... $e_1 = 47{,}0$ m WS; $\quad a_1 = 54{,}0$ m WS
$K\,M\,II$ ..... $e_2 = 45{,}0$ m WS; $\quad a_2 = 52{,}0$ m WS
$K\,M\,III$ .... $e_3 = 43{,}0$ m WS; $\quad a_3 = 50{,}0$ m WS

In der ,,Aus"-Leitung des Kontaktmanometers $K\,M\,III$ liegt ein Kontaktpaar der Schalterklappe, welche in die Druckleitung der dritten Pumpe eingebaut ist. Das zweite Kontaktpaar unterbricht den Steuerstromkreis für die beiden Kontaktmanometer $K\,M\,I$ und $K\,M\,II$ sowie

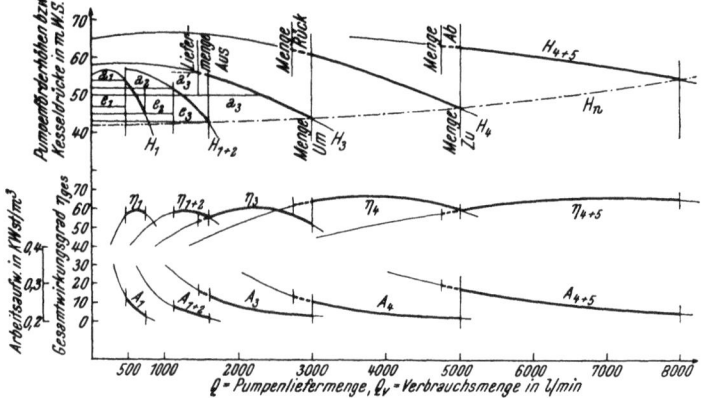

Abb. 102. Hydraulisches Arbeitsbild des Pumpwerkes nach Kap. XI, L.

den Steuerstrom der Motoranlasser der beiden Grundlastpumpen. Beide Kontaktpaare sind bei geschlossener Klappe ebenfalls geschlossen. Auch die Mengenschalter haben zwei Kontaktpaare, das eine zur Schließung des Steuerstromkreises der vierten bzw. der fünften Pumpe, das zweite für die Öffnung oder Schließung des Hilfsstromkreises der drei Zwischenschütze zu den Kontaktmanometern und für ein Zeitrelais ZR mit bei Erregung verzögerter Kontakttrennung. Das elektrische Schaltbild Abb. 103 zeigt die Stellung für Dauerlauf der Pumpe IV, bei Abschaltung sämtlicher anderer Pumpen, also für einen Verbrauch zwischen 3000 und 5000 l/min.

Arbeitsweise. Bei kleinen Verbrauchsmengen zwischen 0 und 1600 l/min arbeiten die beiden Grundlastpumpen nach der bekannten Stufendruckschaltung, gesteuert von den Kontaktmanometern I und II. Zwei Wahlschalter erlauben das Vertauschen der Einschaltreihenfolge der beiden Pumpen, ihre Ausschaltung und Dauerlauf. Die Schalterklappe ist während des Betriebes der Grundlastpumpen geschlossen und damit auch ihre Kontaktpaare. Die Mengenschalter halten das obere der beiden Kontaktpaare geschlossen, das untere offen. Das Zeitrelais liegt an Spannung und ist in angezogener Lage.

Steigt der Verbrauch über 1600 l/min, dann schaltet das Kontaktmanometer III die dritte Pumpe vorerst den beiden Grundlastpumpen bei einem Druck von 43,0 m WS zu. Aber sofort nach Beginn der Förderung hebt die Schalterklappe an, öffnet beide Kontaktpaare und unterbricht damit einerseits die „Aus"-Leitung von *K M III*, so daß ein Ausschaltimpuls desselben vorerst unwirksam bleibt und anderseits den Steuerstrom für die Motoranlasser der beiden Grundlastpumpen. Diese werden ausgeschaltet. Auch die Zwischenrelais der Kontaktmanometer I und II werden stromlos und fallen ab. Im Verbrauchsbereich zwischen 1600 und 3000 l/min läuft die dritte Pumpe allein im Dauerlauf ohne jedes Schaltspiel.

Übersteigt der Verbrauch 3000 l/min, dann schließt der Mengenschalter *M I* das untere Kontaktpaar und öffnet das obere. Damit wird der Steuerstromkreis für den Motoranlasser der vierten Pumpe geschlossen, diese läuft an. Gleichzeitig wird die Spule des Zeitrelais *ZR* spannungslos, es fällt ab. Beide Pumpen, Pumpe III und Pumpe IV, fördern kurze Zeit gemeinsam, der Überschuß fließt in den Kessel, der Druck steigt an, der Ausschaltdruck des Kontaktmanometers *K M III* von nur 50,0 m WS wird überschritten, schließlich unterdrückt die größere Pumpe IV die Förderung der kleineren Pumpe III immer mehr, die Schalterklappe schließt langsam, bis bei einem Rückgang ihrer Fördermenge unter 1450 l/min das untere Kontaktpaar der Klappe schließt und den Aus-

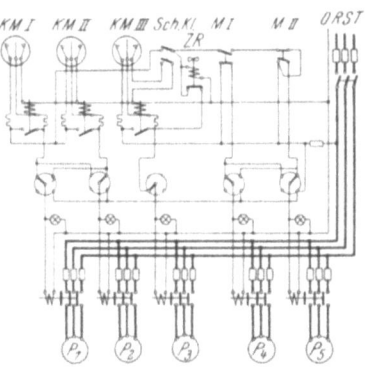

Abb. 103. Elektrisches Schaltbild des Pumpwerkes nach Kap. XI, L.

schaltimpuls des *K M III* wirksam werden läßt. Das Zwischenschütz fällt ab, Pumpe III wird außer Betrieb gesetzt. Hiemit wurde das Umschalten von der kleineren Pumpe III auf die größere Pumpe IV durchgeführt. Gleichzeitig schließt wohl das zweite Kontaktpaar der Klappe wieder den Steuerstromkreis der Motoranlasser für die Grundlastpumpen, doch bleibt dies ohne Wirkung, weil der gleiche Stromkreis durch den Mengenschalter *M I* unterbrochen ist. Bei Verbrauchsmengen zwischen 3000 und 5000 l/min läuft Pumpe IV allein dauernd.

Übersteigt der Verbrauch 5000 l/min, dann schließt der Mengenschalter *M II* den Steuerstromkreis für den Motoranlasser der Pumpe V. Diese wird der Pumpe IV zugeschaltet und im Verbrauchsbereich von 5000 bis 80000 l/min laufen die beiden großen Pumpen im Dauerlauf.

Beim Rückgang der Verbrauchsmenge schaltet beim Unterschreiten einer solchen von 4750 l/min der Mengenschalter *M II* die Pumpe V ab; gleichzeitig wird das zweite, das obere Kontaktpaar des Schalters geschlossen, was aber vorerst noch ohne Wirkung bleibt. Nunmehr läuft Pumpe IV wieder allein im Dauerlauf. Sinkt der Verbrauch unter 2750 l/min, dann öffnet das untere Kontaktpaar des Mengenschalters MI den Steuerstromkreis des Motoranlassers der Pumpe IV, diese wird ausgeschaltet. Gleichzeitig schließt das obere Kontaktpaar über die abgefallenen Kontakte des Zeitrelais (mit nach Erregung verzögerter Kontakttrennung) einen zweiten Stromkreis für den Motoranlasser der Pumpe III. Diese läuft an, trotzdem anfangs der Kesseldruck hoch ist, das Kontaktmanometer in Stellung „Aus" steht und die Kontakte der Schalterklappe geschlossen sind. Es wird gleichzeitig mit dem Ausschalten der Pumpe IV das Wiedereinschalten der Pumpe III erreicht, es wird von der größeren auf die kleinere Pumpe rückgeschaltet. Die beiden Grundlastpumpen können hiebei nicht anspringen, weil im Augenblick der Rückschaltung hoher Druck herrscht, daher ein druckabhängiges Einschalten nicht erfolgen kann, und weil außerdem sofort nach Förderbeginn der Pumpe III die Schalterklappe anhebt. Beide Kontaktpaare derselben öffnen sich und damit wird der Steuerstromkreis für die beiden Grundlastpumpen unterbrochen. Beim Rückschalten erfolgt das Ausschalten der großen Pumpe und das Einschalten der kleinen gleichzeitig. Die Förderung der großen hört sofort nach ihrem Ausschalten auf, während die kleine Pumpe erst einige Sekunden später, bis ihr Antriebsmotor nach der auftretenden Anlaufzeit die volle Drehzahl erreicht hat, fördert. In der Zwischenzeit wird ein Teil der Speichermenge des Windkessels verbraucht. Die Bemessung seiner Größe muß daher auch unter dem Gesichtspunkt einer Pufferwirkung erfolgen.

Geht der Verbrauch weiter zurück, dann steigt mit geringerer Pumpenliefermenge der Pumpwerksdruck an, der Ausschaltdruck a_3 des Kontaktmanometers III wird erreicht; doch bleibt der Impuls vorerst noch wirkungslos. Erst wenn nach weiterem Rückgang der Pumpenliefermenge (gleich der Verbrauchsmenge) unter 1450 l/min die Schalterklappe ihre Kontakte schließt, wird der Ausschaltimpuls wirksam, das Zwischenschütz zum Kontaktmanometer III fällt ab, Pumpe III wird ausgeschaltet. Sinkt nun der Druck im Windkessel infolge Wasserverbrauches ab, dann wird zuerst Pumpe I und, wenn der Verbrauch es erfordert, auch Pumpe II eingeschaltet. Die Grundlastpumpen arbeiten wieder auf bekannte Art in Stufendruckschaltung.

Anwendung. Solche oder ähnlich gesteuerte Pumpwerke werden bei Großwasserversorgungsanlagen verwendet. In Großstädten sind meist mehrere Pumpwerke erforderlich, wobei jedem die Versorgung eines bestimmten Gebietes zufällt. Oft ist außerdem die Unterteilung eines Gebietes in mehrere Druckzonen notwendig, damit vermieden wird, daß bei großen Höhenunterschieden die nieder gelegenen Teile übermäßig hohe Drücke aufweisen.

Zur Überwachung eines ordnungsgemäßen Betriebes sind außer den üblichen Sicherheitsmaßnahmen gegen Trockenlauf der Pumpen bei Wassermangel oder Signalanlagen bei Störungen im Lauf der Pumpen noch verschiedene Anzeigegeräte und schreibende Geräte notwendig, welche den Pumpwerksdruck, die Zahl der laufenden Pumpen, die stündliche Wasserabgabe und den elektrischen Stromaufwand registrieren.

In größeren Städten wird der Pumpwerksbetrieb nicht nur im Pumpwerk, sondern auch an einer zentralen Stelle mittels Fernmeldeanlagen überwacht.

Bei den in den Kap. XI, F, J, K und L beschriebenen Pumpwerken laufen nur die kleinen Pumpen mit automatischem Ein- und Ausschaltspiel, während die größeren ohne ein solches immer nur im Dauerlauf betrieben werden. Beim Zu- und Abschalten oder beim Um- und Rückschalten wirkt der kleine Windkessel, der für den automatischen Betrieb der kleinen Pumpen zur Steuerung des Ein- und Ausschaltspieles erforderlich ist, als Pufferkessel zur Verhinderung von Druckschwingungen.

Wenn ein bestimmter Minimalverbrauch nie unterschritten wird, wie das in größeren Ortswasserversorgungsnetzen gewöhnlich der Fall ist, dann braucht man die kleinste Pumpe, die zur Deckung geringen Verbrauches bestimmt ist, nicht mittels druckabhängiger Steuergeräte selbsttätig ein- und ausschalten lassen; man kann diese Pumpe ohne Schaltspiel im Dauerlauf betreiben und sie nur bei steigendem Verbrauch, wenn größere Pumpen laufen, selbsttätig abschalten lassen. Der Windkessel ist aber dennoch als Puffer notwendig.

XII. Druckverstärkungsanlagen.

Darunter versteht man solche Pumpwerke, welche den Druck einer vorhandenen Wasserleitung verstärken. Streng genommen kann man daher als Druckverstärkungsanlagen nur solche bezeichnen, bei denen die Pumpen direkt an die vorhandene Leitung zu geringen Druckes angeschlossen sind, ohne Zwischenschaltung eines offenen Behälters. Manchmal aber werden im erweiterten Sinne auch Pumpwerke mit Zwischenbehälter, die von der Leitung zu geringen Druckes gefüllt werden, als Verstärker bezeichnet, obwohl hiebei eine tatsächliche Verstärkung oder Erhöhung eines vorhandenen Druckes nicht stattfindet. Diese erweiterte Auffassung ist dann gerechtfertigt, wenn ein direkter Anschluß einer Verstärkerpumpe an die Leitung zu geringen Druckes aus anderen Gründen nicht gestattet oder erwünscht ist. Pumpwerke, die aus einem Tiefbehälter oder Erdbehälter ihr Wasser entnehmen und in die Verbraucherleitung fördern, soll man, wenn dieser Behälter von Zubringerpumpen gespeist wird, keinesfalls als Verstärkeranlagen bezeichnen. Hier ist die Bezeichnung „Vorpumpwerk" oder „Zubringerpumpwerk" und „Druckpumpwerk" am Platze. S. Abb. 104.

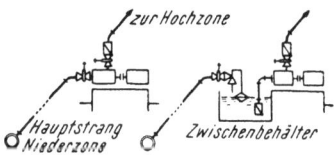

Abb. 104. Druckverstärkerpumpe und Druckpumpe.

Die Verwendung einer Druckverstärkungsanlage schließt nicht aus, daß zu bestimmten Zeiten der geringe Zulaufdruck ausreichend sein mag und unter Abschaltung des Pumpwerkes die Verbraucherleitung direkt aus der Zulaufleitung gespeist wird. Die Einschaltung der Verstärkeranlage in Zeiten zu geringen Druckes kann von Hand aus oder selbsttätig, zeitabhängig, verbrauchsmengenabhängig, druckabhängig oder auch wasserstandsabhängig erfolgen.

Besonders zu beachten ist, daß der Anschluß der Verstärkeranlage an eine solche Stelle zu geringen Druckes in der Leitung erfolgt, daß mit Sicherheit an den letzten Verbrauchern der Zulaufleitung ein für diese zu geringer Druck oder gar Einsaugen von Luft vermieden wird. Daher sind die Anschlußstellen der Verstärkerpumpen so zu wählen, daß an ihnen immer ein entsprechender Zulaufdruck vorhanden ist. Wenn das aus örtlichen oder anderen Gründen nicht möglich ist, dann wird ein Zwischenbehälter erforderlich. Ein solcher ist auch dann notwendig, wenn die Zulaufleitung zu schwach ist und die notwendige Spitzenverbrauchsmenge der Hochzone nicht liefern kann. Ein solcher Zwischenbehälter soll aus wirtschaftlichen Gründen in seiner Höhenlage so hoch als nur möglich errichtet werden, damit der Zulaufdruck voll ausgenützt ist. Die Füllung desselben erfolgt am besten über ein Schwimmerventil, das bei einem bestimmten Niederwasserstand den Einlauf öffnet und bei einem gewünschten Höchstwasserstand schließt.

Je nach den Gegebenheiten und dem zu erfüllenden Zweck kann man verschiedene Arten von Druckverstärkungsanlagen unterscheiden, deren wichtigste in der Folge angeführt sind. In manchen Fällen dient die Druckverstärkung nicht direkt dem Zwecke der Vergrößerung eines Druckes, weil dieser an sich ausreichend wäre, sondern mittelbar der Erzielung einer größeren Fließmenge durch Überwindung eines großen Rohrleitungswiderstandes.

Die nachstehend angeführten Pumpwerke werden nicht näher beschrieben, weil sie den in den vorigen Kapiteln genauer beschriebenen Anlagen gleichen. Es wird nur die grundsätzliche Anordnung dargestellt.

A. Eine vorhandene Wasserleitung kann ein hochgelegenes Gebiet wegen zu geringen Druckes nicht versorgen.

Eine angenommene vorhandene Wasserleitung versorge eine Niederzone. Ihr Fließdruck sei so bemessen, daß alle Verbraucher Wasser mit den üblichen Drücken erhalten. Es solle nun ein etwas höher gelegenes Siedlungsgebiet mit Wasser versorgt werden, das so hoch liege, daß der Druck in einer an die bisherige Wasserversorgungsanlage angeschlossenen Leitung nicht ausreichend wäre.

Eine Vergrößerung des Leitungsdruckes durch Verwendung anderer, für größeren Druck bemessener Pumpen im Pumpwerk der Niederzone sei unwirtschaftlich, außerdem unerwünscht, damit die an die Leitung der Niederzone angeschlossenen Geräte, wie Badeöfen und Heißwasserspeicher, nicht unzulässig hohen Drücken ausgesetzt und beschädigt werden. Auslaufhähne und Ventile, aber auch Rohrverbindungsmuffen könnten undicht werden. Daher ist die Schaffung einer von der Niederzone getrennten Hochzone erforderlich.

Zur Versorgung eines hochgelegenen Gebietes zu geringer Druck. 125

Die Druckverstärkungsanlage soll an einen möglichst starken Ast des Niederzonenrohrnetzes angeschlossen werden; ist nur ein kleines Hochgebiet zu versorgen, dann mag auch ein Nebenast genügen. Als Verstärkeranlage kann, je nach den örtlichen Verhältnissen und Gegebenheiten, eine dauernd laufende Pumpe bei direkter Förderung zu den Verbraucher-

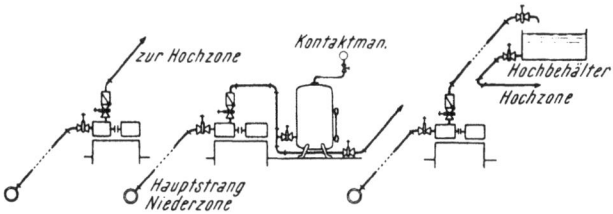

Abb. 105. Druckverstärkeranlagen.

stellen, ein Pumpwerk mit Hochbehälter oder ein Pumpwerk mit Druckwindkessel verwendet werden (s. Abb. 105). Zu berücksichtigen ist jedoch immer der schwankende Zulaufdruck. Aus Sicherheitsgründen ist eine Schutzabschaltung des Pumpwerkes beim Absinken des Zulaufdruckes unter ein vorgesehenes Minimum zu empfehlen, damit bei Zulaufmangel die Verstärkeranlage außer Betrieb gesetzt wird. Es könnte sonst vorkommen, daß bei einem nicht in Rechnung gestellten geringen Zulaufdruck die Pumpe den an ihrem Druckstutzen notwendigen Förderdruck auch bei geringerer Fördermenge nicht erreicht und daher ohne zu fördern leer läuft.

B. Der Druck einer vorhandenen Wasserleitung reicht bei sonst genügendem Zulauf im Brandfalle nicht aus.

Ein kleiner Industriebetrieb wäre an eine Ortswasserleitung angeschlossen, deren Druck für den normalen Bedarf voll ausreichend sei. Auch die Rohrleitung sei reichlich bemessen, so daß mit Wassermangel oder mit einem Druckabfall sowohl in der Anspeiseleitung wie in der Werksleitung durch Rohrreibungswiderstände nicht zu rechnen ist.

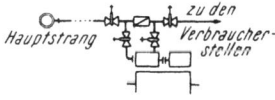

Abb. 106. Druckverstärkung nur im Bedarfsfalle.

Die Druckverstärkerpumpe soll nur im Brandfalle eingeschaltet werden, um den erforderlichen Löschdruck herzustellen. Eine Pumpe, welche der gewünschten Verstärkung entspricht, wird so an die Anspeiseleitung oder die Hydrantenleitung angeschlossen, daß sie bei ihrem Stillstand den Durchfluß des Wassers mit Eigendruck gestattet, nach ihrem Einschalten aber den Wasserdruck erhöht. Das in Abb. 106 eingezeichnete Rückschlagventil verhindert einen Wasserkreislauf bei eingeschalteter Pumpe.

Gewöhnlich wird die Pumpe im Brandfalle von Hand aus ein- und, nach Beendigung der Löscharbeiten, wieder von Hand ausgeschaltet. Das selbsttätige Ausschalten der Pumpe läßt sich mengenabhängig beim Rückgang auf eine geringe Liefermenge mittels einer Schalterklappe leicht bewerkstelligen. Die Pumpe kann aber auch ohne weiteres selbsttätig in Abhängigkeit von der Verbrauchsmenge eingeschaltet werden. Übersteigt diese das normale Maß, wie das im Brandfalle durch Öffnen von Feuerhydranten eintritt, dann schaltet ein Mengenschalter die Pumpe ein. Die mengenabhängige Einschaltung einer Pumpe ist hier möglich, weil vor dem Einschalten der Pumpe auf jeden Fall Wasser fließt, ohne daß eine andere Pumpe läuft. Die Einschaltung kommt in diesem Falle einer Zuschaltung gleich. Mittels des Mengenschalters kann die Pumpe beim Rückgang des großen Wasserbedarfes selbsttätig ausgeschaltet werden.

C. Druck und Zulaufmenge einer vorhandenen Wasserleitung reichen im Brandfalle nicht aus.

Es sei wieder ein kleiner Industriebetrieb an eine Ortswasserleitung angeschlossen. Die Anspeiseleitung vom Hauptstrang des Ortsrohrnetzes zum Werksgelände sei mit Rücksicht auf den normal sehr geringen Verbrauch bemessen worden. Der hiebei auftretende Druck, wie auch die Fließmenge, sind vollständig ausreichend. Im Brandfalle aber ist die Zulaufmenge und der Leitungsdruck zu gering, beide müssen vergrößert werden.

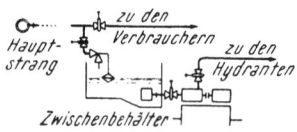

Abb. 107. Druckpumpe für Feuerhydrantenleitung.

Hier kann wegen des bei großen Entnahmemengen aus dem Ortsrohrnetz in der Anspeiseleitung entstehenden Druckabfalles infolge des hohen Rohrwiderstandes mit einer Druckverstärkerpumpe im strengen Sinne bei direktem Anschluß derselben an die Anspeiseleitung nichts erreicht werden. Es ist ein Zwischenbehälter unbedingt erforderlich, in dem eine größere Wassermenge gespeichert werden kann. Dieser Behälter wird selbsttätig über ein am Ende der Einlaufleitung angeordnetes Schwimmerventil vom Ortsnetz her gefüllt. Weil ein Gegendruck nicht auftritt und auch die Einlaufgeschwindigkeit sehr gering gehalten werden kann, wird die Zulaufmenge einen Höchstwert annehmen, denn es wird der ganze Leitungsdruck zur Überwindung des erhöhten Widerstandes der Anspeiseleitung ausgenützt (s. Abb. 107).

Aus dem Behälter wird das Wasser von der Pumpe entnommen und in die Hydrantenleitung gedrückt. Diese darf mit der normalen Wasserleitung innerhalb des Werksgeländes nicht verbunden werden, damit das Wasser aus dem Behälter, das abgestanden und verunreinigt, dazu nicht keimfrei sein kann, nicht in diese oder gar in das Ortsrohrnetz gelangen könnte. Es sind unbedingt zwei getrennte Leitungen, eine für die Normalverbraucher und eine nur für Löschzwecke erforderlich. Wenn im Brand-

Das Gefälle und die dadurch bedingte Fließmenge sind zu gering. 127

falle das Schwimmerventil ganz öffnet, dann steht für den Normalbedarf nur wenig, möglicherweise gar kein Wasser zur Verfügung; der ganze Zulauf wird von der Löschpumpe verbraucht. Darüber hinaus wird noch die Speichermenge des Behälters herangezogen.

Die Pumpe muß von Hand aus eingeschaltet werden. Ihre Ausschaltung kann von Hand oder, liefermengenabhängig, am einfachsten durch eine Schalterklappe erfolgen, wenn ihre Förderung auf ein Minimum zurückgeht.

D. Das Gefälle aus einem Behälter und die dadurch bedingte Fließmenge sind zu gering.

Von einer Quelle her werde ein Behälter gespeist, dessen Höhenlage zu der Verbraucherstelle als sehr nieder bezeichnet werden muß. Die Fließmenge ist trotz reichlicher Bemessung der Verbraucherleitung nicht ausreichend. Für eine ständige und wechselnde Wasserentnahme, zum Beispiel für eine Ortswasserversorgung, ist eine Druckverstärkungsanlage, wie unter Kap. XII, A, beschrieben, erforderlich. Für nur zeitweise Entnahme bei gleichbleibender Fließmenge genügt eine sich selbsttätig ein- und ausschaltende Druckverstärkerpumpe. Die selbsttätige Schaltung kann am einfachsten durch eine Schalterklappe gesteuert werden, wie in Abb. 108 dargestellt. Hier soll ein Faßwagen aus einem

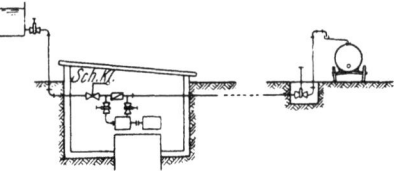

Abb. 108. Selbstschaltende Druckverstärkerpumpe.

Behälter rasch gefüllt werden. Das geringe Gefälle, das zur Verfügung steht, bewirkt beim Öffnen des Säulenständerschiebers den Durchfluß einer solchen Menge, die ausreichend ist, um die Schalterklappe, wenn auch nur wenig, doch soweit anzuheben, daß hiedurch ihre elektrischen Kontakte schließen. Dadurch wird der Steuerstromkreis des Motoranlassers geschlossen und die Pumpe eingeschaltet. Wird der Schieber geschlossen und damit die Förderung der Pumpe gedrosselt oder ganz unterdrückt, dann fällt die Schalterklappe zu, der Steuerstromkreis wird unterbrochen, die Pumpe ausgeschaltet.

Die Schalterklappe spricht, wie aus ihrer in Abb. 27 dargestellten Kennlinie hervorgeht, schon bei ganz geringen Durchflußmengen an, sie ist gerade bei kleinen Durchflußmengen äußerst empfindlich und daher in diesem und ähnlichen Fällen empfehlenswert. Es läßt sich mit ihrer Hilfe das Einschalten der Pumpe auch noch dann erreichen, wenn das Auslaufgefälle praktisch gleich Null ist. Wenn der Auslaufständer bei geschlossenem Schieber mittels eines Entleerungshahnes entleert wird, dann fließt beim Öffnen des Schiebers aus dem Behälter in den Auslaufständer eine geringe, aber dennoch ausreichende Menge, die zum Ansprechen der Schalterklappe führt.

E. Der Widerstand der Falleitung aus einem Hochbehälter wird bei vergrößerter Verbrauchsmenge zu groß und bewirkt einen unzulässigen Druckabfall.

Infolge eines ständig steigenden Verbrauches oder infolge des Anschlusses eines neuen größeren Verbrauchers an eine vorhandene Ortswasserleitung, die von einem Hochbehälter versorgt wird, den Quellen von ausreichender Schüttung speisen, entstehe bei größerem Verbrauch ein unzulässiger Druckabfall. Dieser werde von der Falleitung verursacht, jedoch kann die Leitung aus irgendwelchen Gründen weder durch eine neue, stärkere, ersetzt noch eine zweite parallel zu ihr gelegt werden. Der Druckabfall soll durch eine Druckverstärkerpumpe ausgeglichen werden.

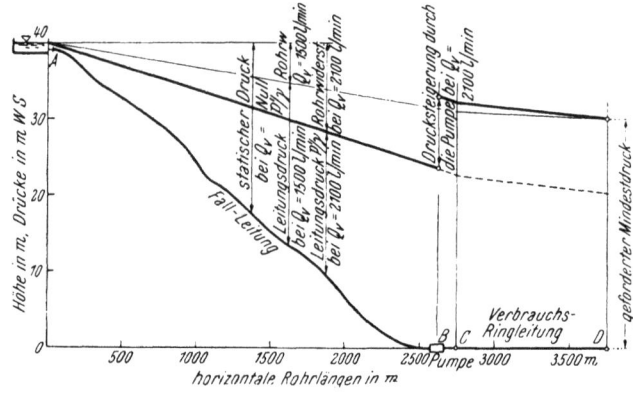

Abb. 109. Im Bedarfsfalle selbsttätig arbeitende Druckverstärkerpumpe; Drucklinienplan.

Wie aus dem Drucklinienplan Abb. 109 hervorgeht, reicht in diesem Beispiel das Gefälle von 40 m bei der gegebenen Rohrleitung bis zu einer Verbrauchsmenge von 1500 l/min (2,5 l/sek) aus, um den verlangten Mindestdruck von 30 m WS an den ungünstigsten Verbraucherstellen zu gewährleisten. Bei Vergrößerung des Bedarfes auf 2100 l/min (3,5 l/sek) herrscht an diesen nur mehr ein Druck von 20,5 m WS. Die Druckverstärkerpumpe soll selbsttätig beim Überschreiten einer Verbrauchsmenge von 1500 l/min ein- und beim Unterschreiten einer Menge von 1300 l/min ausgeschaltet werden. Die Pumpe werde im Punkte B der Rohrleitung aufgestellt. Abb. 111 zeigt die Druckverhältnisse in diesem Punkt. Aus dem Erzeugungsprogramm einer Pumpenfabrik werde eine Pumpe mit der abgebildeten Förderhöhenkennlinie gewählt, welche bei 2100 l/min die notwendige Förderhöhe von 9,5 m aufweist. Diese entspricht der erforderlichen Drucksteigerung, um beim Verbrauch von 2100 l/min den gegenüber einem Verbrauch von 1500 l/min größeren Rohrwiderstand zu überwinden. Der Einbau erfolgt gemäß Abb. 110.

Die selbsttätige Einschaltung sowie die Ausschaltung kann mengenabhängig oder druckabhängig gesteuert werden. Wird die mengen-

Widerstand der Falleitung bewirkt unzulässigen Druckabfall.

abhängige Steuerung gewählt, dann kann die Pumpe an jeder beliebigen Stelle der Leitung zwischen A und C eingebaut werden. Bei druckabhängiger Steuerung muß die Pumpe an möglichst tiefer Stelle der Leitung angeordnet werden, die vom Behälter weit entfernt liegt, damit gegenüber dem statischen Druck an dieser Stelle beim Verbrauch gleich Null bei steigendem Verbrauch, insbesondere beim Überschreiten jener Fließmenge, bei welcher auch der verlangte Mindestdruck unterschritten wird, ein für die druckabhängige Einschaltung ausreichender Druckabfall entsteht. Anderseits muß der Ausschaltdruck größer als der statische

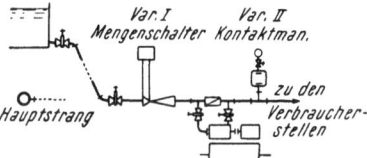

Abb. 110. Im Bedarfsfalle selbsttätig gesteuerte Druckverstärkerpumpe; schematische Darstellung.

Druck beim Verbrauch Null sein. Das Kontaktmanometer oder der Druckschalter müssen an der Pumpendruckseite, zur Vermeidung von Druckstößen an diesen, an einen kleinen Hilfswindkessel angeschlossen werden. Die Einschaltung der Pumpe erfolgt, einer Verbrauchsmenge von

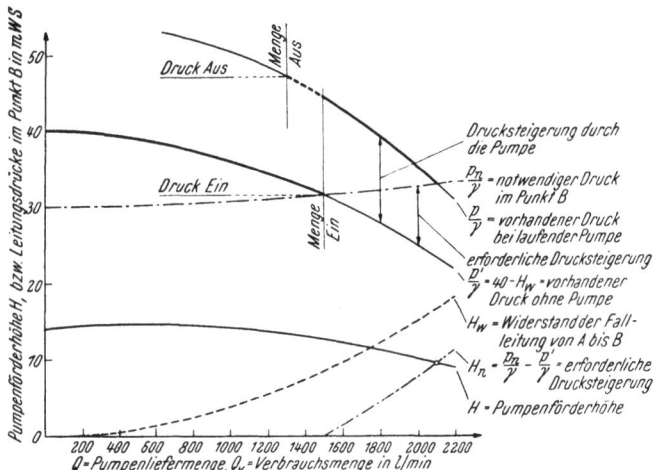

Abb. 111. Hydraulisches Arbeitsbild des Pumpwerkes für selbsttätige Druckverstärkung nach Kap. XII, E.

1500 l/min entsprechend, bei einem Leitungsdruck von 31,5 m WS, und die Ausschaltung bei einem Druck von 47,0 m WS gemäß einer Fließmenge von 1300 l/min.

Beim Stillstand der Pumpe ergeben sich an ihrem Druckanschluß die Drücke $p'/\gamma = 40 - H_w$ in m WS (dick ausgezogenes Linienstück in Abb. 111). Während des Pumpenlaufes herrschen am Pumpensauganschluß die Drücke $p'/\gamma = 40 - H_w$ in m WS (dünn ausgezogenes Linienstück), am Pumpendruckanschluß nach der Drucksteigerung die Drücke

$p/\gamma = 40 - H_w + H$ in m WS (dick ausgezogenes Linienstück). Der tatsächlich herrschende Druck p/γ ist nur bei der Fließmenge von 2100 l/min gleich dem erforderlichen Druck p_n/γ. Bei kleineren Verbrauchsmengen ist er größer als notwendig wäre. Dieser Nachteil läßt sich aber trotz flacher Pumpenkennlinie wegen des großen Druckabfalles der Falleitung nicht vermeiden.

XIII. Praktische Anwendungsbeispiele aus dem Gebiet der Wasserversorgung von Groß-Wien.

Nicht alle Teile Groß-Wiens können direkt von der Ersten oder Zweiten Hochquellenwasserleitung versorgt werden. Für höher gelegene Gebiete reicht ihr Leitungsdruck nicht aus, weshalb Pumpwerke erforderlich sind. Manche Randgemeinden sind nicht an das Wiener Wasserleitungsnetz angeschlossen. Diese werden durch eigene Pumpwerke mit Quell- oder Brunnenwasser versorgt.

Im folgenden sollen einige dieser Pumpwerke als charakteristische Vertreter und als praktische Anwendungsbeispiele für die in den früheren Kapiteln erwähnten oder in ihrer grundsätzlichen Steuer- und Arbeitsweise genauer erläuterten Pumpwerksarten kurz beschrieben werden.

Abb. 112. Zwei Vogelpumpen aus einem Pumpwerk eines Textilunternehmens, Typen 50DV2HAN, Liefermenge 18 m³/h, Förderhöhe 58 m, Drehzahl 2850 U/min, Kraftbedarf 7,5 PS.

A. Handgesteuerte Pumpwerke nach Kap. IX bei direkter Förderung in das Verbrauchernetz. a) Die Pumpwerke Krottenbachstraße, Steinhof und Krapfenwald versorgen hochgelegene Teile Wiens. Das Wasser der

Zweiten Hochquellenleitung fließt aus dem Lainzer Behälter über die höchste Gravitationsleitung direkt den Pumpen dieser Werke zu. Die Pumpen steigern den Druck und fördern in die weitere Verbrauchsleitung, ähnlich dem ersten Bild in Abb. 105. Es handelt sich um Druckverstärkeranlagen im strengen Sinne der Bezeichnung nach Kap. XII, A. In jedem dieser Pumpwerke werden die Pumpen von Hand aus ein- und aus- bzw. zu- und abgeschaltet. Sie laufen dauernd, solange es der Bedarf erfordert.

b) Die Pumpwerke Smolagasse und Pragerstraße sind Spitzendeckungswerke. In Zeiten größten Wasserverbrauches und gleichzeitig mangelnder Schüttung an den beiden Hochquellen oder bei Abkehr (Reinigungs- oder Instandsetzungsarbeiten) einer der beiden Hochquellenleitungen fördern sie hervorragendes Brunnenwasser direkt in das Wiener Wasserleitungsnetz. Ihre Pumpen werden im Bedarfsfalle von Hand aus ein- und ausgeschaltet.

B. Pumpwerke mit Hochbehälter nach Kap. X. a) Das Pumpwerk Fischamend (südöstliche Randgemeinde) besteht aus zwei Teilen: einem Rohwasserpumpwerk und einem Reinwasserpumpwerk. Die Rohwasserpumpen fördern Brunnenwasser über eine Enteisenungs- und Filteranlage in einen Reinwasserbehälter. Die Reinwasserpumpen drücken das Wasser aus diesem in den Hochbehälter (Wasserturm) mit gemeinsamer Steig- und Falleitung (Standrohrbehälter). Die Pumpen werden je nach Bedarf ein- und aus- bzw. zu- und abgeschaltet, wobei Wasserstandsfernanzeiger dem Pumpenwärter den jeweiligen Wasserstand im Turm anzeigen. Es handelt sich um Stufenwasserstandsschaltung bei Handsteuerung.

b) Im Pumpwerk Rauchenwarth (südöstliche Randgemeinde) fördert eine Tauchermotorpumpe aus einem Tiefbrunnen das Wasser in einen Hochbehälter (Wasserturm) mit getrennter Steig- und Falleitung. Die Pumpe wird in Abhängigkeit vom Wasserstand im Behälter mittels eines Schwimmerschalters selbsttätig ein- und ausgeschaltet, ähnlich wie in Kap. X, C, näher beschrieben.

c) Das Pumpwerk Kritzendorf-Feldgasse (nordwestliche Randgemeinde) versorgt ein höher gelegenes Siedlungsgebiet, für das der Wiener Leitungsdruck nicht ausreicht. Der Behälter Feldgasse wird vom Wiener Wasserleitungsnetz her über ein Schwimmerventil gefüllt. Aus diesem Behälter fördern zwei Pumpen das Wasser in den Hochbehälter Payerhütte mit gemeinsamer Steig- und Falleitung, selbsttätig gesteuert in Abhängigkeit vom Wasserstand mittels Schwimmerschalters. Jahreszeitlich bedingt mit dem Verbrauch wird während der Wintermonate die kleinere der beiden Pumpen, in den Sommermonaten die größere Pumpe vom Schwimmerschalter gesteuert. Als Sicherung gegen Trockenlauf der Pumpen bei mangelndem Wasserzulauf werden ebenfalls Schwimmerschalter verwendet. Es liegt bei diesem Pumpwerk wasserstandsabhängige selbsttätige Steuerung einer Pumpe, mit Umschaltung von Hand aus von einer kleinen auf eine größere Pumpe, vor.

132   Praktische Anwendungsbeispiele aus Groß-Wien.

d) Das Pumpwerk Gumpoldskirchen (südliche Randgemeinde) erhält sein Wasser von zwei Quellen. Diese speisen einen Behälter, von dem die Tiefzone des Bezirkes versorgt wird. Aus diesem Behälter saugen zwei Pumpen und fördern das Wasser in den Hochbehälter Weinberg mit gemeinsamer Steig- und Falleitung. Die Pumpen werden wasserstandsabhängig von zwei im Hochbehälter eingebauten Schwimmerschaltern gesteuert. Bei kleinem Verbrauch wird eine Pumpe selbsttätig ein- und ausgeschaltet; bei größerem Verbrauch, wenn der Wasserstand im Hochbehälter weiter absinkt, wird die zweite Pumpe, gesteuert vom

Abb. 113. Hochdruckpumpen von Klein, Schanzlin und Becker. Vordergrund: Type He 4, Liefermenge 1080 m³/h, Förderhöhe 90 Meter, Drehzahl 1480 U/min, Kraftbedarf 450 PS; Hintergrund: Type HM 300/250, Liefermenge 600 m³/h, Förderhöhe 250 m. Drehzahl 1450 U/min, Kraftbedarf 730 PS.

zweiten Schwimmerschalter der ersten, zugeschaltet. Die Einschaltreihenfolge der beiden Pumpen kann vertauscht werden. Bei Wassermangel werden die Pumpen durch Schwimmerschalter zum Schutz gegen Trockenlauf abgeschaltet. Es handelt sich in diesem Falle um ein Pumpwerk mit zwei gleichen Pumpen bei selbsttätiger wasserstandsabhängiger Stufenschaltung, wie in Kap. X, C, näher beschrieben.

e) Die Wasserversorgung Laab im Walde (südwestliche Randgemeinde) erhält Drainagewasser aus der Zweiten Wiener Hochquellenleitung. Dieses fließt in einen Behälter, dessen Höhenlage nur für die tieferen Ortsteile ausreichend wäre. Eine Pumpe saugt das Wasser aus diesem Behälter an und drückt es in einen höheren Behälter mit gemeinsamer Steig- und Falleitung. Die Pumpe wird von Hand aus eingeschaltet. Das Ausschalten erfolgt selbsttätig, gesteuert durch eine Schaltuhr. Diese wird vom Pumpenwärter auf Grund von jahreszeitlich bedingten praktischen Erfahrungen nach Beobachtung des Wasserstandes im

Hochbehälter auf eine bestimmte Ausschaltzeit eingestellt. Es handelt sich hier um den seltenen Fall von handgesteuerter Ein- und zeitabhängiger Ausschaltung einer Pumpe. In den Hochbehälter mündet außerdem eine Quelle.

f) Die Wasserversorgung von Brunn am Gebirge (südliche Randgemeinde) bezieht das ganze Wasser aus dem Freispiegelkanal der Ersten Wiener Hochquellenleitung. Das Versorgungsgebiet ist in drei Druckzonen aufgeteilt. Das Wasser fließt aus dem Hochquellenkanal in den Niederbehälter Wasserwerksgasse, von dem die Tiefzone versorgt wird.

Abb. 114. Hochdruckpumpen von Klein, Schanzlin und Becker in einem städtischen Pumpwerk. Vordergrund: Type HE 5, Fördermenge 1100 m³/h, Förderhöhe 106 m, Drehzahl 985 U/min, Kraftbedarf 485 PS; Hintergrund: Typen FBL 2 × 400 × 500, Fördermenge 2500 m³/h, Förderhöhe 165 m, Drehzahl 985 U/min, Kraftbedarf 1760 PS.

Aus diesem Behälter fördern zwei gleiche Pumpen das Wasser in den höher gelegenen Mittelbehälter Keßlerweg mit gemeinsamer Steig- und Falleitung, von dem die Mittelzone versorgt wird. Die Pumpen werden in Abhängigkeit vom Wasserstand in diesem mittels einer Siemens-Geberanlage in Stufenschaltung gesteuert, so, daß bei kleinem Verbrauch nur eine Pumpe bei automatischer Ein- und Ausschaltung in Betrieb ist, während bei größerem Verbrauch und weiterem Absinken des Wasserspiegels im Behälter die zweite Pumpe selbsttätig der ersten zugeschaltet wird. Aus dem Mittelbehälter saugen zwei weitere Pumpen an und fördern das Wasser in den Hochbehälter Wällischhof mit gemeinsamer Steig-

und Falleitung zur Versorgung der Hochzone. Hier werden zwei verschiedene Pumpen verwendet, eine kleine und eine größere. Sie werden ebenfalls wasserstandsabhängig und selbsttätig mittels einer Siemens-Geberanlage gesteuert, so, daß bei Absinken des Wassers vorerst die kleine Pumpe anläuft und bei weiterem Absinken von der kleinen auf die größere Pumpe umgeschaltet wird, wobei dann diese allein fördert. Hier liegt wasserstandsabhängige Um- und Rückschaltung vor, wie in Kap. X, D, näher beschrieben. In jedem der beiden Pumpwerke sind die Pumpen gegen Trockenlauf mittels Schwimmerschaltern geschützt.

Abb. 115. Zwei Pumpen von Klein, Schanzlin und Becker in einem chemischen Werk. Typen FB 2 ×600 ×700, Liefermenge 4000 m³/h, Förderhöhe 60 m, Drehzahl 980 U/min, Kraftbedarf 1035 PS.

Besonders erwähnt soll werden, daß im Pumpwerk Wasserwerksgasse ein Verzögerungsrelais verwendet wird, das verhindert, daß nach einer Stromstörung und dem dadurch bedingten Ausfall des Pumpwerkes bei Wiederkehr der Spannung beide Pumpen gleichzeitig eingeschaltet werden. Der gleichzeitige Einschaltstromstoß beider Pumpenmotoren ist für das Stromnetz nicht zulässig. Der Behälter Keßlerweg könnte während der Stromstörung soweit entleert sein, daß durch den Wasserstandsgeber bereits beide Pumpen eingeschaltet wären. Das Verzögerungsrelais bewirkt, daß vorerst nur eine Pumpe anlaufen kann und erst nach Ablauf einer vorgesehenen Zeitspanne die zweite Pumpe der ersten zugeschaltet wird. Beim Pumpwerk Keßlerweg ist diese Vorsichtsmaßnahme nicht erforderlich, weil infolge der wasserstandsabhängigen Umschaltung nie beide Pumpen gleichzeitig, sondern jeweils nur eine einzige durch den Wasserstandsgeber eingeschaltet sein kann.

g) Die Wasserversorgung des Gebietes von Perchtoldsdorf (südliche Randgemeinde) erfolgt in erster Linie aus Tiefbrunnen durch das Pumpwerk Spinavilla. Zwei Tauchmotorpumpen und als Reserve eine Dieselmotor-Vertikaltiefbrunnenpumpe fördern das Wasser durch eine eigene Steigleitung in den Mittelbehälter Lohnsteingasse. Diese Pumpen werden

Abb. 116. Zwei Garvens-Flanschmotorpumpen in einem städtischen Bad. Typen FJS 83/5 + UF 1812, Liefermenge 27 m³/h, Förderhöhe 87 m, Drehzahl 2900 U/min, Kraftbedarf 12,2 PS.

von Hand aus ein- und aus- bzw. zu- und abgeschaltet, wobei ein Wasserstandsfernanzeiger dem Pumpenwärter Wasservorrat und Verbrauch zeigt. Zur Spitzenbedarfsdeckung wird Wasser der Ersten Wiener Hochquellenleitung verwendet. Zwei Pumpen im Pumpwerk Krautgasse saugen das Wasser direkt aus dem Freispiegelkanal der Hochquellenleitung und drücken es in den bereits erwähnten Mittelbehälter Lohnsteingasse durch eine Steigleitung, an welche keine Verbraucher angeschlossen sind, die nur Transportleitung ist. Beide Pumpen, eine kleine und eine größere, werden von Hand ein- und ausgeschaltet, je nach Erfordernis. Aus dem Mittelbehälter saugen zwei weitere Pumpen, wieder eine kleine und eine große, und fördern das Wasser in den Hochbehälter Heide mit gemeinsamer Steig- und Falleitung (Standrohrbehälter). Die Pumpen werden wasserstandsabhängig selbsttätig mittels Schwimmerschalters gesteuert, wobei jahreszeitlich und verbrauchsabhängig von Hand aus entweder die kleine oder die große Pumpe wahlweise in Betrieb genommen wird. Hier liegt selbsttätige wasserstandsabhängige Steuerung einer Pumpe mit Handum- bzw. -rückschaltung vor.

136 Praktische Anwendungsbeispiele aus Groß-Wien.

C. Pumpwerke mit Druckwindkessel nach Kap. XI. a) Die Wiener Randgemeinden Stammersdorf (nördlich), Groß-Enzersdorf (nordöstlich), Höflein an der Donau (nordwestlich) und Maria-Lanzendorf (südöstlich) sind nicht an das Wiener Wasserleitungsnetz angeschlossen. Teile dieser Gebiete werden durch eigene Pumpwerke aus Brunnen mit Wasser versorgt. In Höflein wird eine normale horizontale Kreiselpumpe, in den anderen drei Orten je eine Tauchmotorpumpe in Verbindung mit einem Windkessel mittels eines gewöhnlichen Druckschalters druckabhängig selbsttätig ein- und ausgeschaltet, wie in Kap. XI, A, näher beschrieben.

Abb. 117. Hochdruckpumpe der Maschinenfabrik Andritz in einem städtischen Wasserwerk. Type 5–050. 085–4, Liefermenge 2500 m³/h, Förderhöhe 85 m, Drehzahl 740 U/min, Kraftbedarf 970 PS.

b) Für einen hochgelegenen Teil von Klosterneuburg (nordwestliches Randgebiet), für den der Druck der Wiener Wasserleitung nicht ausreicht, ist ein Hebewerk vorgesehen. Das Wiener Leitungswasser fließt über ein Schwimmerventil in den Behälter Kollersteig. Aus diesem saugt eine Pumpe an und drückt das Wasser in die höher gelegene Verbrauchsleitung. Die Pumpe wird in Verbindung mit einem Windkessel mittels eines gewöhnlichen Druckschalters rein druckabhängig gesteuert, wie in Kap. XI, A, erläutert und im zweiten Bild auf Abb. 104 dargestellt. Eine Wassermangelsicherung in Form eines Schwimmerschalters schützt die Pumpe gegen Trockenlauf bei mangelndem Zulauf aus der Wiener Leitung. Ein Luftabschlußventil (Druckluftsperrventil) verhindert das Entweichen der Druckluft aus dem Kessel, wenn die Pumpe bei Wassermangel selbsttätig abgeschaltet oder beim Stromloswerden der Anlage außer Betrieb gesetzt wird und gleichzeitig die Wasserverbraucher die Auslaufhähne öffnen.

c) Auch für einige Teile von Weidling (nordwestliche Randgemeinde) reicht der Druck der Wiener Wasserleitung nicht aus. Er wird in den Pumpwerken Gattergasse und Elisabethstraße durch je eine Pumpe verstärkt, wobei eine zweite gleiche Pumpe als Reserve eingebaut ist, die wahlweise mit der ersten vertauscht werden kann. Das Wasser fließt den Pumpen aus einem Hauptstrang der Wiener Wasserleitung, aus dem die Tiefzone versorgt wird, direkt zu. Die Betriebspumpen der beiden Werke werden in Verbindung mit einem Druckwindkessel mittels eines gewöhnlichen Druckschalters rein druckabhängig gesteuert. Beide Anlagen sind Drucksteigerungswerke im strengen Sinne der Bezeichnung, wie im mittleren Bild auf Abb. 105 dargestellt.

D. Das Hebewerk Hungerberg in Wien versorgt große und höher gelegene Teile des engeren Stadtgebietes. Das dem Behälter Hungerberg

Abb. 118. Drei Vogelpumpen in einem städtischen Hebewerk. Typen 200D3HAXN, Liefermenge 480 m³/h, Förderhöhe 120 m, Drehzahl 1460 U/min, Kraftbedarf 264 PS.

zufließende Wasser wird von großen Pumpen in die höher gelegene Verbrauchsleitung gedrückt. Die Pumpen werden von Hand aus, je nach Erfordernis, ein- und ausgeschaltet bzw. zu- und abgeschaltet. Vom Behälter werden auch tiefer gelegene Gebiete versorgt.

E. Die Zweite Wiener Hochquellenleitung mündet in den hoch gelegenen Behälter Lainz. Von diesem aus werden die hochgelegenen Gebiete Wiens und die Mittelzone versorgt. Um den Druck für die letztere zu vermindern, wird das für die Mittelzone aus dem Lainzer Behälter abfließende Wasser durch ein Kraftwerk geleitet, in welchem elektrische Energie gewonnen wird. Dann wird es in einer Druckentlastungskammer gesammelt, aus der es in die Versorgungsleitung fließt. Die Erste Wiener Hochquellenleitung mündet in den Behälter Rosenhügel, von dem aus die tiefer gelegenen Bezirke versorgt werden.

Das neue Umpumpwerk Rosenhügel hat die Aufgabe, während der Abkehr (Reinigungs- und Instandsetzungsarbeiten) der Zweiten Hochquellenleitung Wasser aus dem Behälter Rosenhügel in den Lainzer Behälter zu pumpen. Dadurch wird eine Unterbrechung der Wasserversorgung der Hochzone bei länger dauernder Abkehr vermieden. Die Pumpen werden nach Erfordernis von Hand aus ein- und ausgeschaltet bzw. zu- und abgeschaltet.

Das Zentralhebewerk Rosenhügel hat die Aufgabe, während der Abkehr der Zweiten Hochquellenleitung Wasser aus dem Behälter Rosenhügel in die aus der Druckentlastungskammer abgehende Versorgungsleitung der Mittelzone zu pumpen, damit die Wasserversorgung bei länger dauernder Abkehr nicht unterbrochen wird. Auch diese Pumpen werden im Bedarfsfalle von Hand aus gesteuert.

XIV. Praktische Anwendungsbeispiele bei Wasserversorgungsanlagen in Niederösterreich.

A. Pumpwerk der Gemeinden Felixdorf, Sollenau und Theresienfeld.
Das Pumpwerk besteht aus zwei Teilen, einem Vorpumpwerk und einem Druckpumpwerk.

Vorpumpwerk. Das nötige Wasser wird aus drei Rohrbrunnen entnommen. In jedem ist eine Tauchmotorpumpe eingebaut. Diese fördern das Wasser in einen Zwischenbehälter. Die Steuerung der Pumpen erfolgt

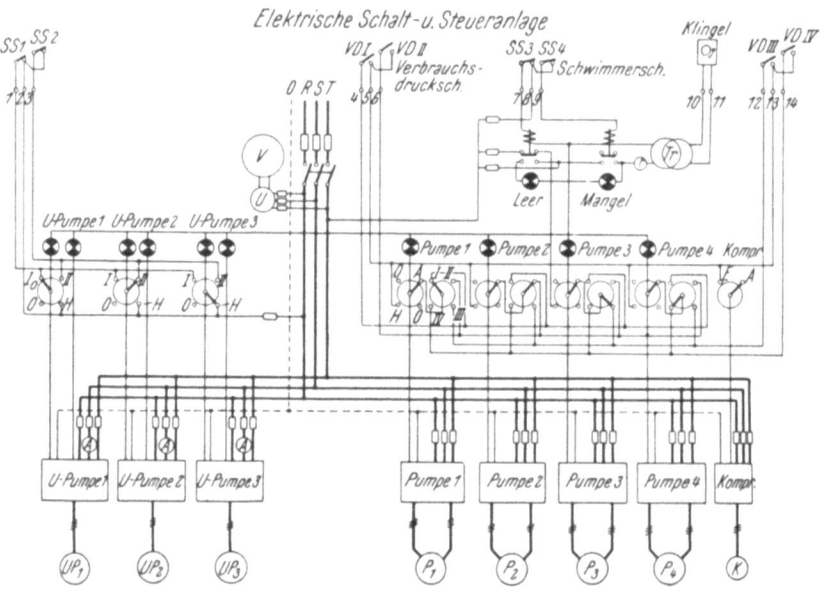

Abb. 119. Elektrischer Schaltplan des Pumpwerkes Felixdorf-Sollenau.

in Abhängigkeit vom Wasserspiegel in diesem Behälter, ähnlich der im Kap. X, C, geschilderten Schaltungsart. Eine Wassermangelsicherung ist in keinem Brunnen nötig, weil deren Ergiebigkeit sehr reichlich ist. Die Pumpen werden in Wasserstandsstufenschaltung betrieben.

Druckpumpwerk. Vier horizontale Kreiselpumpen entnehmen das Wasser dem Zwischenbehälter und drücken es in die Verbrauchsleitung. Die Steuerung der Pumpen erfolgt druckabhängig mittels Verbrauchsdruckschalters nach Abb. 15 in Verbindung mit einem Venturirohr, ähnlich der in Kap. XI, E, b, beschriebenen Pumpwerksart. Die elektrischen Schaltapparate beider Pumpwerke sind zu einer Einheit, einer sogenannten Schaltbatterie, in stahlblechgekapselter Ausführung zusammengefaßt. In den Stromkreis der Tauchmotorpumpen sind zwecks leichter Überprüfung ihres richtigen Laufes Strommesser eingebaut. Bei Wassermangel im Zwischenbehälter ertönt eine Warnungsklingel, in

Abb. 120. Zwei Garvenspumpen in einem Kurort. Typen SJ 82 + US 1402, Liefermenge 50 m³/h, Förderhöhe 27,5 m, Drehzahl 2900 U/min, Kraftbedarf 7,5 PS.

weiterer Folge wird das Druckpumpwerk ausgeschaltet. Signallampen an der Schaltbatterie zeigen Störungen und Mängel an. Die Belüftung der beiden Windkessel erfolgt mittels eines Kompressors.

B. Pumpwerk Schneedörfl des Kurortes Reichenau. Die hochgelegenen Teile dieses Kurortes werden von einer noch höher gelegenen Quelle mit Wasser versorgt. In der trockenen Jahreszeit, in welche gleichzeitig der größte Verbrauch fällt, reicht die Quellschüttung aber nicht aus. Es wird eine zweite, tiefer gelegene Quelle herangezogen und deren Wasser in den Behälter der hohen Quelle gepumpt. Um eine lange Steuerleitung zwischen Hochbehälter und Pumpwerk zu ersparen, wird die Pumpe zeitabhängig mittels einer Schaltuhr eingeschaltet. Ihre Ausschaltung bei gefülltem Behälter erfolgt liefermengenabhängig, ähnlich wie bei dem im Kap. X, A, beschriebenen Pumpwerk mit Hilfe eines Schwimmerventiles am Behältereinlauf. Als mengenabhängiges Schaltgerät ist ein Mengenschalter von Vogel nach Abb. 25 in Verbindung mit einem Venturirohr verwendet.

C. Pumpwerk des Kurortes Bad Fischau. Das Wasser wird dem Freispiegelleitungskanal der Ersten Wiener Hochquellenleitung entnommen.

Zwei Pumpen, von denen wahlweise immer eine in Betrieb steht, drücken das Wasser in einen Hochbehälter mit gemeinsamer Steig- und Falleitung. Sie werden mittels Schwimmschalters in Abhängigkeit vom Wasserstand im Hochbehälter selbsttätig gesteuert, ähnlich der in Kap. X, C, beschriebenen Steuerart. Bei Wassermangel in der Ersten Wiener Hochquellenleitung oder während deren Abkehr (Reinigungs- oder Reparaturarbeit) wird Thermalwasser aus den vorhandenen Quellen zur Wasserversorgung des Ortes verwendet. Dieses wird von zwei weiteren Pumpen, von denen wieder wahlweise je eine in Betrieb steht, in den Hochbehälter gepumpt. Diese Pumpen werden von Hand aus ein- und ausgeschaltet. Sie können auch in den Kanal der Wiener Wasserleitung pumpen.

Literaturverzeichnis.

DZIALLAS, R.: Untersuchungen an einer Kreiselpumpe mit labiler Kennlinie. Berlin: VDI-Verlag. 1940.

HUTAREW, G.: Über Regelung von Kreiselpumpen bei gleichbleibender Drehzahl. Wasserwirtschaft und Technik (Wien), Nr. 23 bis 27. 1937.

PFLEIDERER, C.: Die Kreiselpumpen für Flüssigkeiten und Gase. 3. Aufl. Berlin-Göttingen-Heidelberg: Springer-Verlag. 1949.

SCHULZ, W. und F. PUNGA: Unterwasserpumpen. Bauarten, Konstruktion und Betrieb. Berlin: VDI-Verlag. 1944.

Sachverzeichnis.

Aegir-Gerät 7
Anspringpunkt 24
Arbeitsaufwand, elektrischer 22
Auslaufdruckschaltung 104

Belüftertopf 79
Belüftung von Kesseln 74

Dampfkesselverordnung 72
Doppelventurirohr 104
Drosselkurve 22
Druckluftsperrventil 85
Druckschalter 11, 12
Druckschwingungen 26

Hochbehälter 39

Impulsfrequenzverfahren 11
Intensitätsmethode 10

Kontaktmanometer 12, 13

Labile Kennlinie 23, 28
Leerlauf 33
Luftabschlußventil 85
Luftwart 80

Magnetventil 26
Membranbelüfter 81, 83
Mengenschalter von Bopp und Reuther 16
— — Pollux 17
— — Siemens und Halske 17
— — Uher und Co. 18
— — Vogel 19
Meßblende, Normblende 15
Meßverstärker 10
Motorventil 26
Notwendige Pumpenförderhöhe 22, 28

Nutzbarer Kesselinhalt 68

Pneumatisches Maelgergerät 9

Quecksilber-Druckdifferenzmanometer 15
Quecksilbertauchrelais 13

Rohrreibungswiderstand 20
Rückschlagventil mit Belüfter 80

Schalterklappe 18, 19
Schalthäufigkeit 60
Schaltperiode 68, 69
Schaltuhr, Schaltwerk 5
Schwimmerschalter 6
Schwimmerventil 42, 46
Speichermenge 60, 68
Stabile Kennlinie 28
Stufendruckschaltung 91
Stufen-Wasserstandsschaltung 47
Summenkennlinie 30, 32

Trockenlauf 33

Überdruckventil 25, 26

Venturirohr 15
Verbrauchsdruckschalter von Vogel 14
Verbrauchsdruckschaltung 99

Wassermangelsicherung 33
Wasserschlag 24
Wasserstandsmeß- und -schalteinrichtung 9
Wasserstandsregler 80
Wasserstandsschalter 6
Wasserstrahlluftpumpe 78
Windkessel, Druckwindkessel 59, 67

Firmenverzeichnis.

AEGIR, Fabrik für elektrische Apparate, R. Schlenkrich K.-G., Dresden.
Amag-Hilpert-Pegnitzhütte A. G., Pegnitz, Oberfranken.
Bopp und Reuther Ges. m. b. H., Mannheim-Waldhof.
Brunnbauer Ferdinand, Maschinenfabrik, Wien.
Garvenswerke, Maschinen-, Pumpen- und Waagenfabrik, Wien.
Hübner und Mayer, Maschinen- und Armaturenfabrik Ges. m. b. H., Wien.
Klein, Schanzlin und Becker, Aktiengesellschaft, Frankenthal (Pfalz).
Lechner und Sohn, Karlsruhe.
Maelger E., Maschinen- und Apparatebau, Hamburg.
Pollux Ges. m. b. H., Ludwigshafen am Rhein.
Schneider und Helmecke, Maschinenfabrik, Offenbach am Main.
Siemens und Halske A. G., Wien und Karlsruhe.
Uher und Co., Gesellschaft für Apparatebau, Wien.
Vogel Ernst, Spezialfabrik moderner Pumpen, Stockerau bei Wien.

Patentverzeichnis.

Österreichische Patente: Nr. 98568 Klasse 59a, Nr. 103368 Klasse 59a, Nr. 105531 Klasse 59a, Nr. 118131 Klasse 59a, Nr. 150811 Klasse 21c, Nr. 162764 Klasse 59c, Nr. 163938 Klasse 59c, Nr. 164980 Klasse 59c, Nr. 709272/195 Klasse 59b.
Deutsche Reichspatente: Nr. 465554 Klasse 85d, Nr. 706118 Klasse 59b, Nr. 709272 Klasse 59b, Nr. 720572 Klasse 85d, Nr. 737708 Klasse 85d, Nr. 740483 Klasse 21c.

SPRINGER-VERLAG IN WIEN I

Elektrische Maschinen. Eine Einführung in die Grundlagen. Von Prof. Dr.-Ing. **Theodor Bödefeld,** Berlin, und Prof. Dr. techn., Dr.-Ing., Dr. phil. **Heinrich Sequenz,** Wien. Fünfte Auflage mit Ergänzungen. Mit insgesamt 655 Abbildungen. XXVI, 502 Seiten. Lex.-8°. 1952. S 127,50, DM 25,50, $ 6,10, sfr. 26,20
Ganzleinen S 142,—, DM 28,50, $ 6,80, sfr. 29,20

Kurzes Lehrbuch der Elektrotechnik. Von Dipl.-Ing., Dr. techn. **Günther Oberdorfer,** o. Prof. d. Techn. Hochschule Graz. Mit 231 Textabb. VII, 199 Seiten. Lex.-8°. 1952. S 72,—, DM 14,40, $ 3,45, sfr. 15,—
Ganzleinen S 84,—, DM 16,80, $ 4,—, sfr. 17,40

Lexikon der Elektrotechnik. Von Dipl.-Ing., Dr. techn. **Günther Oberdorfer,** o. Professor an der Technischen Hochschule in Graz. Mit 371 Textabbildungen. VII, 488 Seiten. 1951.
Ganzleinen S 96,—, DM 20,—, $ 4,80, sfr. 20,60

Elektromotoren. Ihre Eigenschaften und ihre Verwendung für Antriebe. Von Dr.-Ing. **W. Schuisky,** Västerås, Schweden. Mit 384 Textabbildungen. XI, 506 Seiten. Lex.-8°. 1951.
Ganzleinen S 240,—, DM 48,—, $ 11,40, sfr. 49,60

Elektrische Maschinen der Kraftbetriebe. Wirkungsweise und Verhalten beim Anlassen, Regeln und Bremsen. Mit Anwendungsbeispielen. Von Prof. Dr.-Ing. **Engelbert Wist,** Wien. Mit 189 Textabb. VII, 184 Seiten. 1950. Steif geheftet S 78,—, DM 19,—, $ 4,50, sfr. 20,—
Halbleinen S 90,—, DM 21,50, $ 5,—, sfr. 22,50

Über Düsen, Wasserstrahlpumpen und Heber. Von Dipl.-Ing. **Anton Steinwender,** Wien. Mit 33 Abbildungen. III, 47 Seiten. 1950. (Heft 18 der Schriftenreihe des österreichischen Wasserwirtschaftsverbandes.)
Steif geheftet S 14,40, DM 3,50, $ —,85, sfr. 3,60

Österreichische Wasserwirtschaft. Zeitschrift für alle wissenschaftlichen, technischen, rechtlichen und wirtschaftlichen Fragen des gesamten Wasserwesens. Im Auftrage des Bundesministeriums für Land- und Forstwirtschaft, des Bundesministeriums für Handel und Wiederaufbau und des Österreichischen Wasserwirtschaftsverbandes herausgegeben von **B. Ramsauer, J. Wolf, O. Vas** und **E. Hartig.** Schriftleiter: **J. Kar,** Wien. Jährlich erscheinen 12 Hefte. (1953: 5. Jahrgang.)
Halbjährlich S 64,—, DM 16,80, $ 4,—, sfr. 17,20

E und M Elektrotechnik und Maschinenbau. Zeitschrift des Elektrotechnischen Vereines Österreichs. Schriftleitung: **L. Knelssler,** Wien, und **H. Sequenz,** Wien. Jährlich erscheinen 24 Hefte. (1953: 70. Jahrgang.)
Halbjährlich S 88,—, DM 20,—, $ 4,80, sfr. 20,60

Maschinenbau und Wärmewirtschaft vereinigt mit Betrieb und Fertigung, Lokomotiv- und Fahrzeugbau. Organ der Versuchs- und Forschungsanstalt für Wärme-, Kälte- und Strömungstechnik, Wien, der Technischen Versuchs- und Forschungsanstalt der Technischen Hochschule Wien und der Technischen Versuchsanstalt der Technischen Hochschule Graz. Schriftleitung: **C. Kämmerer,** Wien, unter Mitwirkung von **K. Pflanz,** Wien, und **A. Slattenschek,** Wien. Jährlich erscheinen 12 Hefte. (1953: 8. Jahrgang.) Halbjährlich S 96,—, DM 20,—, $ 4,80, sfr. 20,60

Zu beziehen durch jede Buchhandlung

SPRINGER-VERLAG / BERLIN · GÖTTINGEN · HEIDELBERG

Handbuch der Rohrleitungen. Allgemeine Beschreibung, Berechnung und Herstellung nebst Zahlen- und Linientafeln. Von **Franz Schwedler †**, Direktor in Düsseldorf. Vierte Auflage. Zweiter, berichtigter Neudruck. Neubearbeitet von Dipl.-Ing. **Helmut von Jürgensonn**, VDI, Obering., Düsseldorf. Mit 240 Textabbildungen und 13 Tafeln in einer Tasche. VIII, 293 Seiten. 1953. Ganzleinen DM 36,—

Elektrische Kontakte und Schaltvorgänge. Grundlagen für den Praktiker. Von Dr. **Walther Burstyn**, vorm. a. o. Prof. an der Techn. Hochschule in Berlin-Charlottenburg. Dritte, verbesserte und erweiterte Auflage. Mit 82 Abbildungen. VII, 98 Seiten. 1950. DM 7,50

Kreiselgebläse und Kreiselverdichter radialer Bauart. Von Dr.-Ing. habil. **Friedrich Kluge †**, VDI, VDEH, ASME, OLEAN, New York (USA). Mit 377 Abbildungen. XV, 301 Seiten. 4°. 1953.
Ganzleinen DM 58,50

Elektrische Starkstromanlagen. Maschinen, Apparate, Schaltungen, Betrieb. Kurzgefaßtes Hilfsbuch für Ingenieure und Techniker und zum Gebrauch an technischen Lehranstalten. Von Dipl.-Ing. **Emil Kosack**, Oberbaurat a. D., vorm. Direktor der Staatlichen Ingenieurschule in Hagen i. W. Elfte, durchgesehene Auflage. Mit 320 Textabbildungen. XII, 356 Seiten. 1950. DM 12,60; Ganzleinen DM 15,—

Elektrische Meßgeräte und Meßeinrichtungen. Von **Albert Palm**, Oberingenieur. Dritte, neubearbeitete Auflage. Mit 232 Abbildungen im Text und 7 Tafeln. XI, 284 Seiten. 1948.
DM 21,—; Ganzleinen DM 24,—

Der Kreis der Hersteller und Benutzer von Zählern ist zwar ein anderer als der von Meßinstrumenten. Trotzdem wurde eine kurze Beschreibung der Zähler vermißt, besonders für den Gebrauch des Buches für Unterrichtszwecke. Dieser Wunsch ist jetzt erfüllt.

Der Eigenbedarf mittlerer und großer Kraftwerke. Von Dr.-Ing. **Alexander Roggendorf**, Frankfurt a. M. Mit 143 Abbildungen. V, 222 Seiten. 1952. Ganzleinen DM 31,50

Die Eigenbedarfsversorgung großer Kraftwerke ist eine Teilaufgabe der Gesamtplanung. Die Ausführungsformen und Arten der Eigenbedarfsversorgung haben aus dem Grunde zahlreiche Varianten. Zu den Einrichtungen des Eigenbedarfs in diesem Zusammenhang gehören die Energieleitungen und zum Teil auch Quellen für die Versorgung aller Hilfsmaschinen von Kraftwerken, die Antriebe dieser Hilfsmaschinen und im weiteren Sinne auch alle Einrichtungen zur Überwachung und Regelung. Bei der Mehrzahl dieser handelt es sich um elektrische Maschinen und Apparate. Sie werden hier vorzugsweise behandelt, während die nichtelektrischen Einrichtungen nur insoweit besprochen werden, als es zum Verständnis der Zusammenhänge und zum Zwecke der Abgrenzung notwendig erscheint.

Strömungsmaschinen. Von Dr.-Ing., Dr.-Ing. eh. **C. Pfleiderer**, Professor an der Technischen Hochschule Braunschweig. Mit 200 Abbildungen. XII, 383 Seiten. 1952. Ganzleinen DM 36,—

Konstruktion. Werkstoffe, Versuchswesen im Maschinen- und Apparatebau. Organ der Arbeitsgemeinschaft Deutscher Konstruktionsingenieure (ADKI) im VDI. Herausgeber Professor Dr.-Ing. **F. Sass**. Schriftleitung: Dr.-Ing. **F. zur Nedden** und Dipl.-Ing. **G. Menz**. Erscheint monatlich. Vierteljährlich DM 9,—

Zu beziehen durch jede Buchhandlung

If you have any concerns about our products,
you can contact us on
ProductSafety@springernature.com

In case Publisher is established outside the EU,
the EU authorized representative is:
**Springer Nature Customer Service Center GmbH
Europaplatz 3, 69115 Heidelberg, Germany**

Printed by Libri Plureos GmbH
in Hamburg, Germany